集刊
集人文社科之思 刊专业学术之声

集 刊 名：中国海洋经济
主　　编：崔凤祥
副 主 编：刘　康　王　圣
主办单位：山东社会科学院

MARINE ECONOMY IN CHINA NO.15

联系电话：13864285961
电子邮箱：zghyjjjk@163.com
通信地址：山东省青岛市市南区金湖路 8 号编辑部

第15辑

集刊序列号：PIJ-2016-171
中国集刊网：www.jikan.com.cn/ 中国海洋经济
集刊投约稿平台：www.iedol.cn

山东社会科学院　主办　　·2016年创刊·

中国海洋经济

主编　崔凤祥

副主编　刘康　王圣

MARINE ECONOMY IN CHINA

第15辑

社会科学文献出版社
SOCIAL SCIENCES ACADEMIC PRESS (CHINA)

集刊 中国海洋经济

（第15辑）
2024年1月出版

·海洋产业研究·

·海洋城市研究·

·海洋绿色低碳高质量发展研究·

·海洋合作研究·

福州市海洋产业发展研究

林丽娟*

摘　要　福州市立于东海之滨，与祖国宝岛台湾隔海（台湾海峡）相望，自古以来就是“海丝”沿线具有重要影响力的港口城市，也是中国首批开放的沿海城市。1994年，习近平同志在福州市履职期间，就提出建设“海上福州”战略构想。2021年，习近平总书记来闽考察时特别强调福建要壮大海洋新兴产业，这给福州市海洋产业的发展提供了遵循。本文对福州市海洋产业发展基础和环境进行了梳理，对其发展现状展开深入探究，发现目前福州市海洋产业发展依然存在海洋产业结构布局有待优化、传统海洋产业粗放发展模式尚未完全改变以及海洋新兴产业发展仍不充分的问题。结合福州海洋产业发展现状及面临的问题，为推动福州海洋产业更加高效发展，本文建议加快转变传统海洋渔业发展模式、促进临港工业集群化水平提高、打造世界一流水平的深水大港、推进滨海旅游业高质量发展、大力培育壮大海洋新兴产业。

关键词　海洋产业　产业结构　海洋新兴产业　“海上福州”战略　福州市

在陆地空间越发拥堵、全球经济复苏艰难的今天，更加高效地发展海洋产业是寻求经济增长新空间、产业升级新赛道的有效路径，也是建设海洋强国的关键引擎。党的十八大提出“建设海洋强国”，党的十九大对“加快建设海洋强国”战略构想做出更为具体的阐述，“十四五”

---

* 林丽娟，博士，福州社会科学院副院长、副研究员，主要研究方向：区域经济学。

规划指出要“积极拓展海洋经济发展空间”“建设现代海洋产业体系”。海洋产业兴衰变迁是沿海城市经济发展的重要变量，是加快建设“海上福州”的“主战场”。福州市具有优良的海洋自然资源禀赋和海洋产业发展环境。近年来，福州市践行新一轮“海上福州”发展战略，蓝色产业高质量发展成效显著。但也要看到，与国内外沿海发达城市相比，福州市海洋产业的发展仍存在不少制约因素。因此，深入调研福州市海洋产业发展情况，理清发展脉络，研究发展痛点难点，找准加快福州市传统海洋产业转型、培植新兴产业的有效路径，成为加快推进“海上福州”建设的当务之急。

一　福州市海洋产业发展的基础与环境

福州市立于东海之滨，自古以来就是海上丝绸之路沿线具有重要影响力的港口城市。福州市海洋产业发展兼备海洋自然资源禀赋、地缘战略和涉海政策等诸多沿海区域的比较优势。同时，在全球经济复苏困难和中国进入“双循环”发展格局的背景下，海洋经济发展面临错综复杂的国内外环境，新的环境要求福州市要扬优势、迎挑战，积极寻求经济增长新空间、蓝色产业升级新赛道。

（一）福州市海洋产业发展的基础

根据产业集聚的相关理论，产业集群化程度会受到区域资源禀赋的影响。相对于其他类型的产业，海洋产业发展更具海洋资源禀赋指向，其空间布局受自然资源禀赋的影响将更为明显。福州市是地处福建省东部沿海的海上丝绸之路核心区战略支点城市，地理区位优势独特，与祖国宝岛台湾隔海（台湾海峡）相望，邻近港澳、东南亚，介于珠三角与长三角的中间，西部有海洋产业发展可辐射的广阔内陆腹地，中国东部港口（除广东、广西、海南外）的进出口货物都要经过台湾海峡。从中国海运和对外经贸往来等角度来说，福州港的战略重要性非同一般。同时，福州市海洋自然资源禀赋优势突出，2018 年，海岸线长度达到 920 千米，[①] 在沿海省会城市海岸线长度排序中名列榜首；海域区划面积 10573 平方千米，与陆域面积相差无几，是陆域面积的 88.3%；[②] 海岛 837 个，其中有居民海岛 34 个，占全省的 34%；潮间带滩涂面积 641.96 平方千米，为福州海洋产业提供了重要的土地后备资源，海洋产业发展空间潜力巨大；港湾资源丰富，江阴港、罗源湾、福清湾等都是天然深水良港，其中不乏全国顶级的深水良港；[③] 近海拥有海洋生物 1500 多种，波浪能、风能和潮汐能等海洋能源资源富饶；[④] 福州是历史文化名城，兼具优势突出的海洋历史文化资源和海洋自然景观资源，发展海洋旅游大有可为。从地理区位和海洋资源的维度看，福州市发展海洋产业的基础雄厚。

（二）福州市海洋产业发展的环境

从国际环境来看，当今世界正经历百年未有之大变局，国际需求疲弱，全球经济增长动力处在“换挡期”，经济复苏依旧困难重重。为推动全球经济复苏，重塑发展新动力，已成为全球亟待解决的重大问题，世界各国在海洋领域的竞争也因此越发激烈。同时，随着人类对陆地空间及资源利用开发的不断深入，积极寻求经济增长新空间、产业升级新赛道更加迫在眉睫。约占地球表面积 71% 的海洋，[⑤] 是人

---

① 《福州：风起帆张　向海图强》，https://www.163.com/dy/article/H8MK8SS30514FJJE.html，最后访问日期：2023 年 5 月 17 日。

② 《福州面积》，https://www.zj5.net/article/13224.html，最后访问日期：2023 年 5 月 17 日。

③ 《2018 年福州自然资源情况》，http://www.fuzhou.gov.cn/zgfzzt/zjrc/zrdl/202007/t20200709_3357097.htm，最后访问日期：2023 年 5 月 17 日。

④ 《尤猛军：“海上福州”建设成果丰硕 福州将加快建设海洋经济强市》，http://www.xinhuanet.com/politics/2019lh/2019-03/15/c_1210083739.htm，最后访问日期：2023 年 5 月 17 日。

⑤ 周梦爽：《如何保护人类生命之源——全球海洋治理需要“中国方案”》，https://epaper.gmw.cn/gmrb/html/2020-01/09/nw.D110000gmrb_20200109_1-14.htm，最后访问日期：2023 年 5 月 17 日。

类的蓝色资源宝库，对于开拓人类生存发展新空间和发掘资源开发潜力的作用越发凸显。在此国际环境下，我们更要善于去经营蓝色空间，拓展海洋产业。

从国内环境来看，海洋是人类最具潜力的发展空间。站在新时代的风口，党中央、国务院更加重视做好“海”的文章，大力推进海洋强国发展战略。党的十八大提出“建设海洋强国”，党的十九大对“加快建设海洋强国”战略做出更加具体的部署。在新时代“双循环”发展格局背景下，党和国家把发展海洋经济、壮大海洋产业作为培育新动能的重要驱动力。“十四五”规划、党的二十大报告中发展海洋经济、“积极拓展海洋经济发展空间”的提出又拓宽了海洋强国建设的思路。发展海洋产业是开发蓝色空间和发展海洋经济的重要路径，对中国产业结构转型升级和海洋强国建设起着关键作用。所以，高效发展海洋产业在加快实施海洋强国建设战略的进程中备受关注。国家陆续出台了一系列推动现代海洋渔业、海洋新基建、海洋旅游业等海洋产业可持续发展的政策，这些都为福州市海洋产业高质量发展营造了良好的内部环境。另外，国内深圳、上海、天津、广州、青岛等多个沿海城市竞相把全球海洋中心城市建设纳入“十四五”海洋经济发展规划，福州蓝色经济发展有了更高的标杆。沿海城市在涉海人才、资本、科技创新能力、产业集群化程度等方面的竞争更加激烈是大势所趋，这就要求福州市要充分利用自身的比较优势，直面挑战，不断提升海洋产业竞争力，才能在激烈的竞争环境中立于不败之地。

从福州市区域环境来看，随着人类对海洋开发的推进，海洋产业发展也取得巨大成就。海洋开发成效的获得和海洋产业的兴旺需要政府的引导，政府政策的扶持是影响海洋产业可持续发展的重要因素。从中国沿海地区角度来看，福州市海洋产业加速发展，不仅受益于海洋资源禀赋条件和国内外发展环境中的正向因素，而且受益于各级政府的极大重视，受益于利好政策的接续驱动。一是“海上福州”战略为海洋产业发展提供了遵循。福州是立于东海之滨的港口城市，具有比较优势突出的区位环境和海洋自然资源禀赋，是古代海上丝绸之路的主要发祥地，还是中国历史上最早被迫放开的商埠和新中国最早的沿海开放城市。习近平同志一直对福州发展海洋经济满怀期望，在福州履职期间，就以战略的眼光谋划福州的海洋事业和海洋经济发展，阐述了充分利用海洋优势、重视海域开发利用是福州发展的出路。1991年，习近平同志提出福州的优势、出路、希望、发展都来自江海。1994年，习近平同志从福州海域面积的实际情况出发，站在时代的制高点，提出向海拓展、延伸再造一个“海上福州”的发展构想①，深刻阐明了建设“海上福州”的战略意义。建设“海上福州”作为习近平同志谋划的“3820”宏伟工程的一个重大方向，打开了福州向海发展的新格局与思路，② 为新时代福州海洋产业加快发展提供了遵循。2021年，习近平总书记来闽考察，又强调福建要壮大海洋新兴产业。多年来，福州依托自身优势，秉承“江海兴，则福州兴”的重要理念，始终遵循总书记建设“海上福州”这一决策部署，并把它作为城市发展的长远战略，不断做大做强海洋产业，力争站在新时代向海进军的风口，获取相当甚至超过陆域的综合实力和经济总量，“海上福州”建设的探索实践成效显著，蓝色产业持续发展。二是涉海政策优势持续释放。20世纪90年代以来，福州市委、市政府赓续习近平总书记精心擘画的宏伟蓝图，坚守“海上福州”战略引领，对“海上福州”战略做出一系列重要部署，接续推出改革政策举措，奋力逐梦蓝色经济。从20世纪90年代初的《关于建设“海上福州”的意见》，在中国沿海城市中最早扬起进军深蓝风帆，到《对接国家战略建设海上福州工作方案》，再到2022年提出的

① 《习近平总书记在福建的探索与实践【3】》，http://cpc.people.com.cn/n1/2017/0806/c64387－29452085－3.html，最后访问日期：2023年5月17日。

② 《让有福之州更好造福于民——“3820”战略工程引领福州高质量发展纪实》，http://news.cctv.com/2022/10/10/ARTI5OtCDtptBFdNcfXO5H3v221010.shtml，最后访问日期：2023年5月17日。

要打响“海上福州”国际品牌。随着“向海进军”策略谋划的陆续发布，海洋经济发展迎来政策红利的叠加，加快福州海洋产业发展的具体路径逐步明晰。近年来，福州更是深受国家涉海优惠政策的眷顾，陆续迎来多项海洋经济发展国家级重大扶持政策。随着首批沿海开放城市、首批“十三五”海洋经济创新发展示范城市、国家级海洋经济发展示范区、福州（连江）国家远洋渔业基地等优惠涉海政策相继落地福州，福州成为涉海经济发展领域顶层设计优惠政策最聚集的城市之一。在“建设海洋强国”战略的背景下，福州在沿海区域发展格局中的地位更加凸显。《福建省“十三五”海洋经济发展专项规划》也指出，要加快海洋产业的转型升级。同时，福建还出台了《福建省“十三五”战略性新兴产业发展专项规划》，对海洋战略新兴产业发展进行科学谋划。另外，《福建省“十三五”海洋经济发展专项规划》把加快建设现代化产业体系作为首要任务。《福州市“十三五”海洋经济发展专项规划》强调要推进区域海洋产业结构优化升级，《福州市“十四五”海洋经济发展专项规划》对持续优化区域海洋产业结构做了更加具体的部署。以上这些支持海洋经济发展的政策举措不断叠加催化，为福州海洋经济高质量提供了良好的政策环境，为激活福州海洋产业释放了强劲的能量，福州蓝色产业发展驶入“快车道”。

二　福州市海洋产业发展现状分析

在日趋复杂的国内外环境下，福州市委、市政府高度重视海洋产业发展，立足自身海洋自然资源禀赋及地理区位的比较优势，借助中央及地方政府涉海利好政策红利的东风，推动新一轮“海上福州”建设，海洋产业规模稳中有进，产业结构逐步优化，现代海洋渔业、临港工业、港口物流、海洋新兴产业等涉海产业链水平和竞争力不断提高，海洋产业已经成为福州经济发展的重要发力点。

（一）海洋经济总值实现较快增长

借力政策优势和优越的区位与海洋资源条件，近年来福州海洋生产总值稳步提升，海洋经济综合实力不断增强。2015 年，福州海洋生产总值为 1532 亿元；至 2019 年，福州海洋生产总值上升到 2680 亿元。2021 年，福州市海洋生产总值继续保持全省排名第一的地位。[①] “十三五”期间，福州海洋生产总值年均增速为 10.9%，位列全省第一，高于同一时期全国年均增长率。近几年，得益于“海上福州”战略规划的持续推进，得益于习近平同志在福州海洋经济领域擘画的宏伟蓝图的逐步实现，福州海洋产业增长势头强劲，福州海洋生产总值年均增速明显高于福州地区生产总值增速，海洋生产总值占地区生产总值的比重稳步提高，对福州经济发展的正向效应日益彰显，建设海洋经济强市的基础不断夯实。《福州市“十四五”海洋经济发展专项规划》确立了“十四五”时期全市海洋生产总值发展目标：到 2025 年全市海洋生产总值力争实现 4750 亿元，年均增速达 12% 以上。[②] 同时，对传统产业的转型、新兴产业的培植进行了具体谋划。这些目标的达成，将有助于福州在“十四五”期间逐步建成海洋经济强市。

（二）海洋渔业转型升级取得新成效

海洋渔业是福州海洋经济发展的支柱。近几年，福州海洋渔业事业取得蓬勃发展。2021 年，福州水产品总产量为 297.18 万吨，比上年增长 4.5%，产量在全省排名第一。[③] 2021 年，福州渔业产值达 631.87 亿

① 《福州：风起帆张　向海图强》，《福州日报》2022 年 5 月 31 日。

② 《福州市人民政府关于印发福州市“十四五”海洋经济发展专项规划的通知》，http://www.fuzhou.gov.cn/zfxxgkzl/szfbmjxsqxxgk/szfbmxxgk/fzsrmzf/zfxxgkml/gmjjhshfzghzxghqyghjx-gzc/202201/t20220124_4297379.htm，最后访问日期：2023 年 5 月 17 日。

③ 《2021 年福州市国民经济和社会发展统计公报》，http://www.fuzhou.gov.cn/zwgk/tjxx/ndbg/202203/t20220331_4336407.htm，最后访问日期：2023 年 5 月 17 日。

元，继续稳居全省榜首，已多年在全国设区市排名首位。[①] 渔业生产总值擎起福州市农业总规模的半壁江山。[②] 福州获批第三个国家级远洋渔业基地，持续贯彻落实“以养殖为主”的渔业发展政策，海洋渔业的结构不断调整优化，养殖占比已大大超过捕捞占比，远洋捕捞总量和增速大于近海捕捞，“振鲍1号”“振渔1号”等智能养殖试验取得的成效不负众望，大大减轻了近海海域养殖带来的压力。品牌战略赋能福州渔业，水产养殖特色优势凸显，打造出鲍鱼、南北美对虾、金鱼等区域特色优势产业和渔业品牌，获得的“福建渔业品牌”数量荣列福建省首位。在渔业加工领域，福州善于向“微笑曲线”附加值高的高端区块移动。随着第三个国家级远洋渔业基地建设的推进，福州远洋渔业在新时代“双循环”新发展格局背景下迎来了前所未有的发展机遇，远洋渔业总量稳居全国地级市排行榜前列，远洋渔业产业辐射效应不断扩展。

（三）临港工业集聚效应增强

发挥港区优势，打造临港化工新材料、冶金建材、食品加工等产业集群，福州临港工业集聚效应不断增强。2021年，福州临港规上工业总产值为8177亿元，增长速度为15.6%，名列全省榜首。[③] 福州岸线长度居全国省会城市首位，深水港条件十分优越。近年来，福州充分利用福州港的港口资源、区位优势和产业基础，聚力做大做强临港工业。加快构建港口综合集疏运体系，促进技术、人才等各类高端生产要素的

---

① 《福州海洋经济劈浪前行　蓝色梦想照进现实》，https://www.fujian.gov.cn/zwgk/ztzl/sxzyg-wzxsgzx/sdjj/hyjj/202210/t20221029_6030462.htm，最后访问日期：2023年5月17日。

② 《水产种业创新为渔业振兴注入“芯”动力》，https://www.163.com/dy/article/H9SH6V910514AUG0.html，最后访问日期：2023年5月17日。

③ 《全省首位！福州这样打造海洋强市！》，https://mp.weixin.qq.com/s?__biz=MzU1NDEyODg3MA==&mid=2247499791&idx=2&sn=74a1a22cd939e1a8084c1801872ccafe&chksm=fbeac486cc9d4d9045a3bef7caef6a1364026fada35148ee8c511d75fd9dda6b161e10599f72&scene=27，最后访问日期：2023年5月17日。

有效配置，延伸配套产业链，福州临港优势产业规模化、集约化发展不断加速，临港工业的集聚效应日益增强。目前，福州逐步形成独具特色的先进临港产业集群，主要包括江阴港区化工新材料、可门港区全球规模第一的己内酰胺全产业链、罗源湾冶金建材和环福清湾食品等产业基地。

（四）港口物流建设加快推进

福州港北部始于沙埕湾，南部止于兴化湾北岸，大陆海岸线长1966千米，在福建大陆海岸线中占比过半，江阴、罗源湾、松下、闽江口港区可以建成超百个1万～30万吨的深水泊位。[①] 近年来，福州整合各港区资源，错位发展，加快构建世界一流的国际深水枢纽港，高标准推进丝路海港城建设。港航基础设施、疏港公路、疏港铁路等港口配套建设的推进，为福州港综合实力提升提供了良好环境和强劲动能，促使福州港现代港口物流业转型步伐加快。尽管受到疫情、经济下行、供需变化等不确定因素的影响，但近几年福州港口物流业仍显现出较强韧性，2020～2022年连续三年名列全省沿海港口榜首。特别是2022年，福州港货物吞吐量首次达到3.02亿吨，同比增长率为10.3%，最先成为全省第一个3亿吨大港。[②] 随着海运和各大港口的货物吞吐量日渐恢复发展，福州港国际竞争力也在提升。2021年，在全球港口货物吞吐量50强排行榜中，福州港居第22位，尤其是江阴港区，名次飙涨9个位次，从2020年全球排名第25位攀升至2021年的第16位。[③]

---

① 《【港口雄开万里流】福州港江阴港区："智慧化"赋能助力打造世界一流强港》，https://www.sohu.com/a/579173547_119038，最后访问日期：2023年5月17日。

② 《吞吐量连续三年位居福建省沿海港口首位！福州港晒出2022年亮眼"成绩单"》，https://baijiahao.baidu.com/s?id=1757049354242130828&wfr=spider&for=pc，最后访问日期：2023年5月17日。

③ 《全球港口货物吞吐量50强 九江港重庆港北部湾港江阴港飙升》，https://www.sohu.com/a/535147194_807294，最后访问日期：2023年5月17日。

（五）滨海旅游发展势头强劲

福州地处亚热带，气候宜人，海岸线长度位居全国省会城市榜首，岛屿、海湾、海港数量众多，海域面积与陆域面积相当，“山、海、江”自然禀赋资源兼具，海洋文化底蕴深厚。天时地利人和兼备的滨海旅游资源，是福州发展滨海旅游的良好基础。福州是中国13个主要滨海旅游城市之一。新冠疫情发生以来，滨海旅游成为游客国内游的首选模式。2021年，福州国内旅游收入达719.48亿元，在当年中国主要滨海旅游城市中排名第九，其中滨海旅游为福州国内旅游市场提供了巨大的客户群。[①] 顺应后疫情时代游客体验需求变化和人们旅游需求日益增长的情况，福州市政府积极谋划、加速推进福清东龙湾花蛤小镇、连江天福渔夫岛渔乐圈、罗源牛澳湾休闲渔业、琅岐国际生态旅游岛、连江环马祖澳旅游区、长乐滨海旅游度假区等滨海旅游度假项目建设。滨海旅游迅猛发力，做强“海上福州”正当时。滨海旅游业发展势头强劲，正在成为海洋经济新的增长点和福州旅游经济发展的重要推动力量。

（六）海洋新兴产业为海上福州发展注入新动能

海洋新兴产业是沿海区域经济发展新引擎。近年来，中国海洋新兴产业加速发展。2021年，中国海洋新兴产业指数为146.3，同比增长12.7%。[②] 福州加快海洋经济创新发展示范区建设，带动创新要素向海洋新兴产业聚集，新兴产业发展的新动能不断储备，海洋工程装备、可再生能源利用、海洋生物医药等海洋新兴产业也快速发展壮大，对海洋经济增长的贡献度持续提高。立足海上丰富的风能资源，在兴化湾、长

① 《2021年中国滨海旅游产业发展现状分析：滨海旅游占据旅游市场的“半壁江山”［图］》，https://www.chyxx.com/industry/1106186.html，最后访问日期：2023年5月17日。

② 《〈中国海洋新兴产业指数报告2021〉发布　山东、江苏、广东三强局面形成》，https://www.mnr.gov.cn/dt/hy/202206/t20220607_2738579.html，最后访问日期：2023年5月17日。

乐外海等地发展海上风电产业，福州已下线全球最大的16兆瓦海上风电机组，风电装备产业链水平不断提高；成功培育人工骨材料、新一代鲎试剂、藻蓝蛋白功能食品等新型海洋产品，海洋生物医药研发成效显著；深海采矿船、海洋救助船等船舶建造技术进入世界先进行列，智能化养殖、海上风电设备等工程装备规模初显。随着全国首个市级海洋与渔业科技创新联盟的成立和发展，新兴海洋产业技术新突破不断涌现，未来福州海洋新兴产业的发展更是有着无限的空间。

三　福州市海洋产业发展中存在的问题

目前，福州市海洋经济平稳增长，产业结构有所改善。但同时也要看到，与其他发展强劲的沿海港口城市相比，福州依然面临着一些亟须处理的问题：海洋产业结构不够合理的状况还未完全解决；海洋优势产业仍然偏向传统产业，在海洋经济总量中传统海洋产业所占比重较高，传统海洋产业依然处于资源开发相对粗放的阶段；新兴产业虽然已为福州发展注入新动能，但因关键技术、创新人才、涉海资金等因素支撑不足，其发展规模受限。

（一）海洋产业结构布局有待优化

随着产业结构调整的加快推进，福州市海洋产业结构得到不断优化，海洋经济高质量发展取得突破性进展，但目前福州市海洋产业结构仍然存在诸多的问题和短板。相较于国内其他沿海城市而言，福州市海洋产业结构中第一产业占比偏高，海洋经济优势产业偏向传统海洋领域，主要集中在如海洋渔业、临海工业等传统产业，传统产业增加值占主要海洋产业增加值的比重高，海洋生产总值与天津、青岛等海洋总量大市相比，依然存在很大差距，在海洋旅游业、海洋交通运输业等领域更是无法比肩。与省内的厦门、泉州相比，福州海洋科技创新能力、海洋专业人才等方面差距较大，海洋民营经济发展情况则不如泉州。福州海洋第二、第三产业在海洋生产总值中的比重依然都不够高，海洋装备制造、海洋生物医药、海洋新能源等新兴产业规模偏小的产业格局尚未得到根本改变，海洋产业结构调整的压力仍将持续存在。

（二）传统海洋产业粗放发展模式尚未完全改变

福州传统优势海洋产业依然处于资源开发相对粗放的阶段，产业集群化程度不高，海洋科技支撑能力不足，优化升级有待加快。中国传统海洋产业间协同程度低，缺乏产业集群优势。一是福州传统海洋渔业发展后劲不足。对于海洋捕捞而言，福州近海渔业资源日趋枯竭，过度的近海捕捞活动使得海洋生物群落结构、海洋碳汇能力等受到极大的影响，近海渔业捕捞可持续发展问题待解；对于海水养殖而言，环境承载、用海总量等方面的压力也日益显露；水产品加工主要还是处于较粗放状态，产业链条延伸不足。二是临港工业发展也面临一些亟待解决的问题：配套的基础设施建设依然滞后于临港工业发展的需要，深水码头泊位工程建设与其他大型港口相比存在差距，港口集疏运能力尚待提升。临港工业快速发展和沿海区域人口密度的提高，也会引发海洋环境问题。另外，受企业规模、科技创新能力、营商环境、各类用海矛盾等因素的制约，临港工业的集聚发展受到限制，福州临港工业集群化水平还有待提高。三是港口物流基础设施有待进一步完善。虽然近些年福州港物流发展水平迅速提升，货物吞吐量持续扩大。但也要看到，与国内外先进的世界一流强港相比，福州还是存在不小的差距（见表1、表2）。具体表现在：港口码头的基础设施建设尚待加强；集疏运体系不够畅通；港区功能布局、内陆腹地辐射、码头服务能力和信息化建设等方面仍有较多的不足与短板。四是福州对滨海旅游产品的开发仍处于起步阶段，产品开发模式较为单一，多数滨海旅游还只是局限于简单的观光旅游，旅游产业链条不够完整，游客的体验感、满意度受到影响，多数景点重游率低，价值链也因此未得到充分增强。同时，对滨海旅游资源尤其是对福州海洋文化资源的深度挖掘不够。另外，滨海旅游发展也给沿海区域生态环境带来一定的影响。

表 1　2022 年福州市与部分沿海城市港口货物、集装箱吞吐量对比

单位：万吨，万 TEU

城市	港口货物吞吐量	港口外贸货物吞吐量	港口集装箱吞吐量
天津	54902	30530	2102
青岛	65754	47343	2567
泉州	8265	376	208
福州	30164	7171	346
厦门	21940	11647	1243

资料来源：交通运输部。

表 2　2022 年福州市与部分沿海城市港口货物吞吐量排名对比

单位：万吨，%

排名	港口	港口货物吞吐量	同比增速
4	青岛	65754	4.3
8	天津	54902	3.7
15	福州	30164	10.3
17	南通	28508	-7.6
18	深圳	27243	-2.1

资料来源：交通运输部。

（三）海洋新兴产业发展仍不充分

福州海洋新兴产业发展潜力巨大，但仍有一些问题和难点亟须解决和突破。海洋渔业、临海工业等传统优势产业对福州海洋生产总值的贡献大，新兴产业增加值占全市海洋生产总值的比重依然偏低，其产业规模不够大，对推进海洋产业结构转型升级、“海上福州”建设的贡献不显著；一些海洋新兴产业尚未形成完整的产业链条，产业集聚度偏低，制约着其竞争力的提高；在海洋新兴产业人才储备、创新动能供给、资金投入等方面，福州同国内外海洋经济发达的沿海城市相比还存在不小的差距，特别是支持海洋战略性新兴产业的海洋科技创新支撑力量不足，严重限制了福州海洋新兴产业的发展。

四　福州市海洋产业发展的对策建议

福州市海洋产业发展势头与其拥有的资源、地理和政策优势不相匹配。如何挖掘潜力，充分利用比较优势，突破瓶颈制约因素，把现有海洋资源、地理位置、涉海政策等各个维度优势转化为促进福州海洋产业高质量跨越发展的优势，是加快建设“海上福州”的关键。为此，福州市必须直面海洋产业发展中存在的问题与短板，遵循国家海洋经济发展战略部署，围绕《福州市“十四五”海洋经济发展专项规划》提出的重点任务，不断优化海洋产业结构，做强做优传统支柱产业，加大培育发展海洋新兴产业的力度，进一步增强发展新动能，推动海洋产业更加高效的发展，力争早日实现海洋强市目标。

（一）加快转变传统海洋渔业发展模式

重视福州渔业可持续发展面临的困境，进一步提高远洋捕捞、海水养殖的占比，优化海洋渔业的产业结构。推进现代化海水养殖全产业链管理，把现代渔业发展延伸到高附加值的产业链末端；借助海洋科研机构，创新养殖技术，推广高质的生态养殖方式，修复渔业发展环境；推动“百台万吨”生态养殖平台项目加快建设，出台优惠政策支持连江、福清等地打造国家级海洋牧场，拓展生态、智慧养殖的深远海域空间；根据国家实现“双碳”目标的相关要求，依托高校、海洋三所等研究机构的技术，推广连江对海洋渔业碳汇发展有效路径的探索试点工作，以前瞻30年的目光谋篇蓝碳经济发展、搭建碳汇交易平台，在实现

“双碳”目标进程中走在全国前列；借助福州海洋研究院等涉海研究机构的技术，发展水产品精深加工，促进创新链、产业链融合发展，进一步推进水产品加工向产业链高端延伸。

（二）促进临港工业集群化水平提高

借助涉海科研机构的技术，以“丝路海港城”相关建设项目为带动，进一步促进福州临港产业做大做强。充分挖掘利用福州得天独厚的深水港资源禀赋，进一步推动江阴港区、罗源湾可门作业区等泊位工程的建设，构建更加完善的港口综合集疏运系统，加快推进公铁海联运，围绕运输、流通、存储等环节打造临港工业物流，提升物流对涉海相关产业的吸附效应，促进临港物流与临港工业的协调发展。完善福州临港工业布局，强化土地、资金、人才等要素保障，优化营商环境，以招商选资为引擎，引导良性增量，补齐产业短板，延伸产业链条，进一步推动临港工业集聚发展，扎实推进四大千亿特色临港产业基地即江阴化工新材料、可门高端新材料、罗源湾冶金建材和环福清湾食品等产业基地的建设，着力将临港工业打造成为全市工业的重要增长极。

（三）打造世界一流水平的深水大港

福州市必须面对港口发展存在的问题，发挥优势，补齐短板，强化弱项，着力建设“丝路海港城”，着力打造世界一流水平的深水大港。要加大港口码头的基础设施投入，加快推进江阴、罗源湾等港区集装箱泊位及配套工程建设，为实现 2025 年福州港集装箱吞吐量超过 500 万标箱的目标奠定基础；推进疏港铁路、疏港公路、港区国际航线以及“丝路海运”沿线集装箱班轮航线的建设，进一步完善集疏运体系，提升福州港的辐射影响力，拓展福州港内陆经济腹地和“海丝”沿线国家的经济腹地，顺应“双循环”新发展格局的需要；统筹配置各港区资源，推动福州港口一体化发展，着力推进江阴港区的集装箱运输、松下港区的服务临港工业、罗源湾港区的干散货运输的发展，加快形成功能各异、错位发展、合作共赢的港区空间布局；数字化赋能，驱动智慧港口建设，进一步提升港口基础设施建设、港口物流新业态培育等的数字化水平；延伸港口物流价值链，着力提高港航服务能力。

（四）推动滨海旅游业高质量发展

一是重视地方特色海洋文化资源的挖掘，找准福州海洋文化和滨海旅游业发展的结合点。党的二十大报告提出，“坚持以文塑旅、以旅彰文，推进文化和旅游深度融合发展”。福州有着2000多年的建城史，海洋文化和历史遗存积淀深厚，包含船政文化、海丝文化、郑和文化、昙石山文化、榕台五缘文化等，其中很多资源彰显着“超越时空、跨越国度、具有当代价值、富有永恒魅力”的文化基因。福州要围绕打造国家文化产业和旅游产业融合发展示范区、国际知名旅游目的地的目标任务，聚集多元海洋历史文化资源，深入挖掘郑和下西洋、船政等极具地方特色的海洋文化内涵，推动海洋文化和滨海旅游深度融合，把丰富的海洋旅游资源转化为福州滨海旅游业发展的强大竞争力。

二是推动产品开发，打造产品结构多样化的滨海旅游带。增强海洋旅游体验感，提高海洋旅游满意度，提升海洋旅游体验价值，提供多样化的高质量的滨海旅游产品极为重要。要以国际知名旅游目的地为目标，加快推进滨海旅游度假项目建设，整合海洋文旅资源，完善基础设施，适应游客多元化的现实需求，不断开发新产品、开辟新业态，从多维度对滨海旅游市场进行细分。发展休闲度假、养生、观光、水上运动等多种优质滨海旅游产品，提升滨海旅游产品质量，重点支持长乐滨海旅游度假区、琅岐国际生态旅游岛、连江环马祖澳旅游区等滨海旅游带的构建，不断延伸滨海旅游产业链、价值链。借助“丝路海运”建设的契机，探索发展远洋、远海观光游。加强松下邮轮始发港的港口设施建设，发展邮轮旅游等高端旅游消费模式。

（五）大力培育壮大海洋新兴产业

2021年，习近平总书记来闽考察时，强调福建要壮大海洋新兴产业。《“十四五”海洋经济发展规划》也指出，要推动海洋新兴产业蓬勃发展。未来海洋产业的发展将不再单纯依托海洋资源自然禀赋的发挥，而是要更多地依靠科技创新来引领发展。海洋新兴产业将成为海洋经济发展的新风口。《福州市“十四五”海洋经济发展专项规划》提出，到2025年，力争海洋新兴产业增加值占海洋生产总值比重不低于10%。[①] 为此，必须大力发展涉海新兴产业。

深入推进新旧动能的转换是深化海洋经济结构调整、转变海洋产业发展模式的内在要求。要深化供给侧结构性改革，借鉴青岛蓝色硅谷的经验，做强福州海洋研究院和科创走廊，推动海洋科技创新智库全链条管理，把海洋科研扩展到推进福州海洋经济高质量发展的难点、高端上来，吸引知名海洋研发机构的入驻和对接，会聚海洋高层次人才，进一步加大海洋科技成果转化力度，提升海洋资源利用率，通过提高科技创新能力推动海洋新兴产业高质量发展。政府应给予涉海高新产业的研发和制造一定的政策和资金支持，以增强新兴产业的创新动能。要加快推进新兴产业重点项目建设，进一步以项目为带动，促进产业集聚度提升和产业链条延伸，加快培育壮大战略性新兴产业。发展地下水封洞库储油、海上风电、福清核电和太阳能光伏发电等临海能源产业，重点支持海上风电规模化开发，并以此推进风电勘察设计、设备制造、安装调试和海上风电储能等风电产业链条的延伸；着力发展鱼油提炼、海藻生物萃取等事关生命健康的海洋生物产品，加快发展功能性食品，重点支持

---

① 《福州市：打响“海上福州”国际品牌 推动海洋经济高质量发展》，https://baijiahao.baidu.com/s?id=1725988762959829353&wfr=spider&for=pc，最后访问日期：2023年5月17日。

开发海洋源药用原料、生物医学组织工程材料、海洋靶点药物等海洋药物产品；做强福建绿色智能船舶研究分院，促进海洋船舶与工程装备制造业发展，应对当前经济复苏困难的影响，加快推动海工装备从船舶、码头装备等扩展到深远海智能养殖装备的研发和制造，聚焦海工装备和海洋船舶向高端转型，延伸产业链，已是当务之急；加快海洋新基建、海洋通信、海洋大数据建设，重点扶持智慧渔业发展，数据赋能，促进海洋产业提质增效。

（责任编辑：徐文玉）

金融支持广东省沿海经济带渔业发展的实证研究*

鄢　波　黎思诗　杜　军**

摘　要　渔业发展关乎中国海洋经济高质量发展建设，金融支持是海洋渔业经济高质量发展的重要保障。本文通过利用广东省沿海经济带14个地级市2011~2020年的非平衡面板数据，运用Stata统计分析软件，从金融支持规模、金融支持结构和金融支持效率三个角度，实证检验金融支持对广东省沿海经济带渔业发展的影响。研究结果发现，金融支持规模过度投入对渔业经济发展具有抑制作用，金融支持结构趋于完善会加剧金融资源竞争、提高渔业经济发展的融资难度，金融支持效率提高对渔业经济发展具有正向的促进作用。渔业经济发展要适度投入金融资源、优化金融支持结构，并提高金融资源利用效率。

关键词　沿海经济带　金融支持　渔业经济　海洋经济　广东省

引　言

渔业作为海洋产业的传统优势产业，是广东省推进海洋经济高质量发展的关键一环。渔业经济高质量发展关乎海洋经济高质量发展。如何

* 本文为2022年度国家社会科学基金重大项目“新发展格局下拓展我国海洋经济发展空间的动力机制及实现路径研究”（22&ZD126）、2020年度国家社会科学基金重大项目“全面开放格局下区域海洋经济高质量发展路径研究”（20&ZD100）、广东省教育科学“十三五”规划2019年度高校哲学社会科学专项研究项目“中国深化与‘一路’沿线主要国家海洋经济合作研究”（2019GXJK082）、广东省教育厅2022年度高等学校科研（特色创新）项目“我国海洋环境规制对海洋经济高质量发展的影响研究”（2022WTSCX035）的阶段性成果。

** 鄢波，博士，广东海洋大学教授，主要研究方向：财务与会计、海洋贸易经济。黎思诗，广东海洋大学硕士研究生，主要研究方向：海洋经济管理、农业管理。杜军，博士，广东沿海经济带发展研究院海洋经济发展战略研究所所长，主要研究方向：海洋经济管理、工商企业管理。

快速推进广东省沿海经济带渔业高质量发展，是一个亟须思考的问题。现有研究表明，金融支持是经济发展的重要保障。学者胡援成和肖德勇的研究发现，金融支持可缓解资源约束、促进经济可持续发展。[①] 学者陆岷峰也认为，金融支持是经济发展的推力，同时要提升金融支持实体经济的有效性。[②] 渔业经济是广东省海洋经济的重要实体经济之一，关乎广东省海洋经济高质量发展的成功与否。因此，金融支持广东省沿海经济带渔业发展的问题值得我们研究。

《中国渔业统计年鉴2020》显示，广东省2020年的渔业产值为1581.04亿元，渔业产值连年增加，但增速放缓。为了进一步推动广东省现代渔业高质量发展，2021年，广东省农村信用社联合社助力渔业全产业链发展，为建设现代渔业提供有力的金融支持。2022年，广东省人民政府在《加快推进现代渔业高质量发展的意见》中明确了广东省现代渔业高质量发展的主要目标，即要夯实现代渔业产业基础，加强财税和金融支持。可见，金融支持是渔业经济高质量发展的重要保障。

一　相关文献评述

目前，学者对金融支持渔业经济发展的研究，多集中于政策建议层面。Abdallah和Sumaila分析了巴西20世纪60～90年代渔业的两种政策，一种是财政鼓励政策，另一种是农村渔业信贷。[③] Schuhbauer等学者认为，渔业补贴政策应根据长期目标来制定，助力渔业的可持续发展。[④] 国内学者李莉等认为，应强化渔业补贴，为渔船建造提供贷款

① 胡援成、肖德勇：《经济发展门槛与自然资源诅咒——基于我国省际层面的面板数据实证研究》，《管理世界》2007年第4期。

② 陆岷峰：《金融支持我国实体经济发展的有效性分析》，《财经科学》2013年第6期。

③ P. R. Abdallah, U. R. Sumaila, "An Historical Account of Brazilian Public Policy on Fisheries Subsidies," *Marine Policy* 31 (2007): 444-450.

④ A. Schuhbauer, D. J. Skerritt, N. Ebrahim, et al., "The Global Fisheries Subsidies Divide Between Small-and Large-Scale Fisheries," *Frontiers in Marine Science* 7 (2020).

支持。[1] 史磊和高强通过对中国远洋渔业发展的困境分析，认为远洋渔业发展可以充分利用政策性银行的信贷支持。[2] 段伟常和蔡茂华通过对渔业供应链金融的应用原理和案例分析，认为银行可通过渔业供应链的生产、加工、销售等环节，全方位地向企业注入资金，提高整个供应链的竞争力，有效地促进中国渔业产业的快速发展。[3] 张继华和姜旭朝对菲律宾海洋渔业发展的金融支持体系进行分析，发现菲律宾海洋渔业发展信贷项目种类较多，具有的针对性较强。[4] 施湘锟等学者通过分析金融支持福建省海水养殖业科技成果转化的运行机理、制约因素和不足之处，提出福建省海水养殖业科技成果转化金融支持体系的对策与建议。[5]

综上所述，当前中国对金融支持渔业发展问题的实证研究较少，主要是针对金融支持渔业发展的困境研究提出相关的政策建议，对区域性的金融支持渔业经济问题的研究也较少，以理论对策性的研究为主，实证分析有待丰富和发展。因此，本文就金融支持广东省沿海经济带渔业发展进行实证研究。

二　金融支持广东省沿海经济带渔业发展现状

（一）广东省沿海经济带渔业发展现状分析

根据《广东省海洋经济发展“十三五”规划》，广东省沿海经济带可划分为三个海洋经济发展区域，分别为珠三角地区、粤东地区和粤西

① 李莉、周广颖、司徒毕然：《美国、日本金融支持循环海洋经济发展的成功经验和借鉴》，《生态经济》2009 年第 2 期。

② 史磊、高强：《我国远洋渔业发展的困境及支持政策研究》，《中国渔业经济》2009 年第 2 期。

③ 段伟常、蔡茂华：《渔业供应链金融的应用原理与案例分析》，《广东农业科学》2011 年第 24 期。

④ 张继华、姜旭朝：《国际海洋经济区建设中的金融支持》，《山东社会科学》2012 年第 2 期。

⑤ 施湘锟、林文雄、谢志忠：《福建省海水养殖业科技成果转化金融支持研究》，《科技管理研究》2015 年第 6 期。

地区。珠三角地区包含7个沿海城市，分别为广州、深圳、珠海、江门、中山、东莞和惠州，该区域渔业经济重心主要为优化发展；粤东地区包含4个沿海城市，分别为汕头、汕尾、潮州和揭阳；粤西地区包含3个沿海城市，分别为湛江、阳江和茂名。粤东地区和粤西地区均为渔业经济发展的重点区域，其海洋资源极其丰富，但渔业经济发展潜力有待提升。

从《中国渔业统计年鉴》历年数据来看，2011～2020年，广东省沿海经济带渔业产值不断增加。2020年，广东省沿海经济带渔业经济总量达到3104.34亿元。其中，湛江渔业产值最高，约为713.08亿元；深圳渔业产值最低，约为15亿元。2011～2020年，广东省渔业经济产值总量增加约1768.57亿元，在增速上起伏较大。其中，2019年广东省渔业经济产值增加约1106.61亿元，增速达到67%；2018年广东省渔业经济产值下降约741.53亿元，负增长31%。从地区差异来看，粤东地区渔业经济产值在广东省沿海经济带渔业经济总量中占比最小，粤西地区渔业经济产值占比最大。2020年，在广东省沿海经济带中，粤东地区渔业经济产值占比约17%，渔业经济产值总量约为530.81亿元；粤西地区渔业经济产值占比约42%，渔业经济产值总量约为1301.59亿元；珠三角地区渔业经济产值占比大大提升，占比达到41%，渔业经济产值总量约为1271.94亿元。广东省海域面积广阔，海洋资源极其丰富。根据《广东统计年鉴2019》统计，广东省水产养殖面积约为125.17万公顷，其中鱼类品种大约1500种，贝类品种大约250种，而且大部分的品种可采用人工养殖。正是因为拥有如此丰富的海洋生物资源，广东省在渔业经济的发展上具有得天独厚的优势。

（二）金融支持的现状分析

广东省是一个渔业大省。促进渔业高质量发展，是建设广东省海洋经济高质量发展的重要内容。金融支持是海洋渔业经济高质量发展的重要保障。

从2020年广东省沿海经济带金融机构存贷款余额来看，广州和深圳金融机构存贷款余额达到10万亿元以上，规模巨大；珠海、东莞、中山和惠州金融机构存贷款余额在万亿元以上；其他广东省沿海城市金融机构存贷款余额均在万亿元以下，规模极小（见图1）。

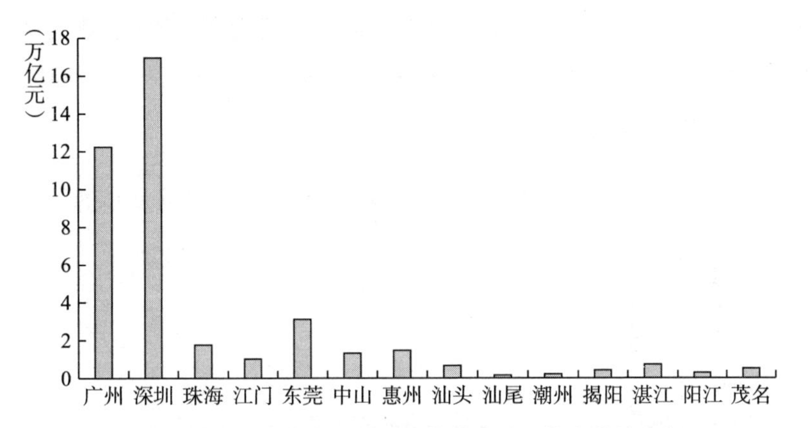

图1　2020年广东省沿海经济带的金融机构存贷款余额

资料来源：《广东省金融运行报告（2020）》。

从2020年广东省沿海经济带金融机构贷款规模来看，深圳金融机构贷款金额最多，其次是广州；深圳、广州和东莞金融机构的贷款金额均达到5000亿元以上，惠州、汕尾和阳江的贷款金额都在500亿元以下（见图2）。

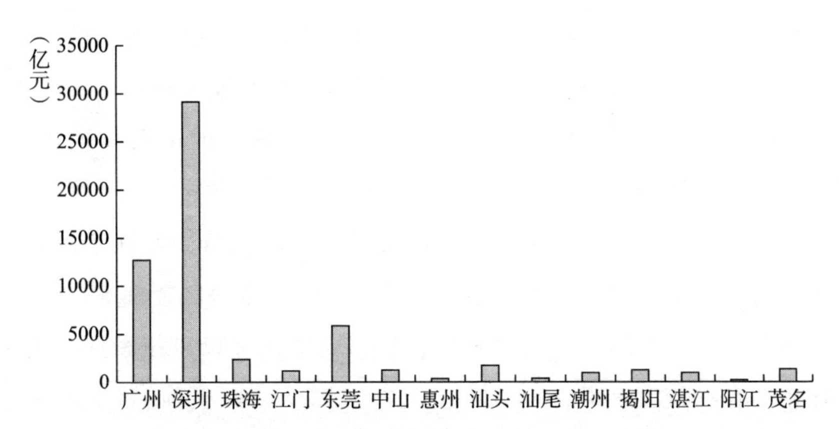

图2　2020年广东省沿海经济带的金融机构贷款规模

资料来源：《广东省金融运行报告（2020）》。

从2020年广东省沿海经济带的金融支持来源情况来看，金融支持来源包括国内贷款、居民储蓄余额、自筹资金和地方财政支出总额（见图3）。在这四种金融支持来源中，14个沿海城市的金融支持均以居民储蓄余额为主，但金融支持力度要看居民储蓄余额的贷款转化率；14个沿海城市的国内贷款资金占比均最小；部分城市的金融支持中地方财政支出总额虽然占比较小，但它是金融支持来源的重要组成部分，对社会其他资金具有引导作用。

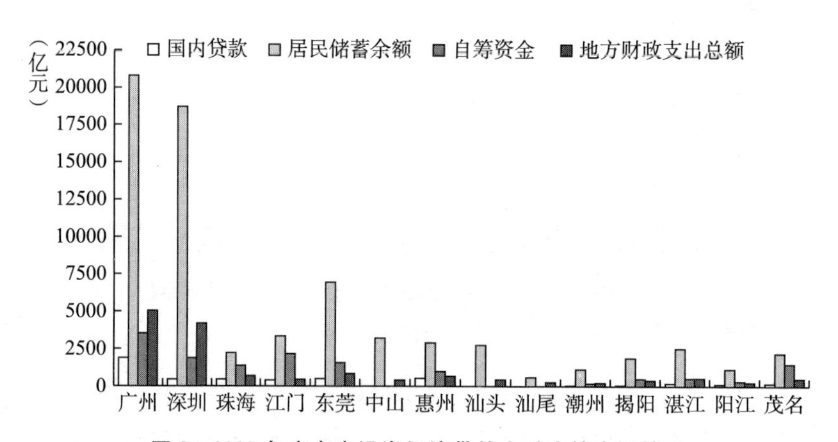

图3　2020年广东省沿海经济带的金融支持来源情况

资料来源：《广东省金融运行报告（2020）》。

从2020年广东省沿海经济带的保费收入情况来看，广州和深圳的保费收入达到千亿元以上，明显高于其他城市；保费收入较低的几个城市分别为汕尾、潮州、揭阳、阳江和茂名，其保费收入都在百亿元以下（见图4）。从地区差异来看，粤东地区和粤西地区的保费收入普遍较低，珠三角地区的保费收入在各城市间也存在显著差异。

总的来说，近年来广东省沿海经济带的金融支持力度在不断加大，金融支持的资源总量也在不断增长。其中，珠三角地区金融支持的资源总量明显高于粤东地区和粤西地区，珠三角地区又以广州和深圳为主，各城市间存在较大差距。

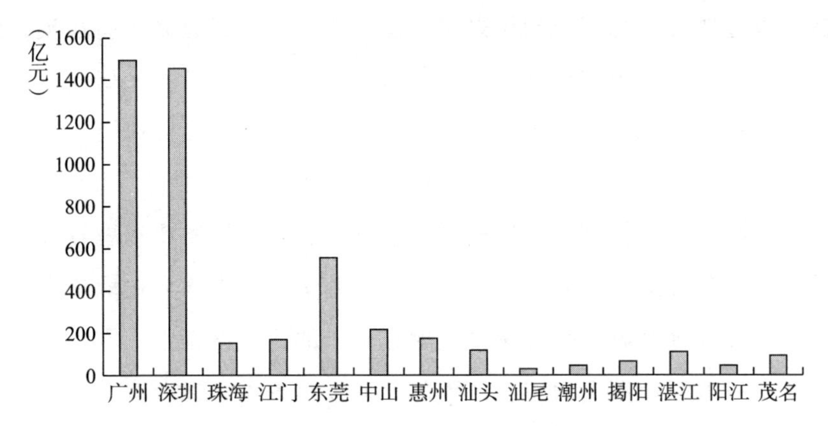

图 4　2020 年广东省沿海经济带的保费收入情况

资料来源：《广东省金融运行报告（2020）》。

三　指标选取与模型构建

（一）指标选取

1. 被解释变量

金融支持是经济发展的重要保障。在两者关系研究中，经济发展主要选取生产总值的增长来表示。同时，在金融支持渔业经济发展的研究中，本文参考熊德平和孙佳的指标选取方式①，采用人均渔业经济产值来表示渔业经济发展状况，人均渔业经济产值为渔业经济总产值与人口的比值。

2. 解释变量

从目前对金融支持的研究来看，本文主要从金融支持规模、金融支持结构和金融支持效率三个角度选取测度变量进行实证研究。

在金融支持规模测度方法研究中，大多数学者运用的是金融相关比

① 熊德平、孙佳：《中国金融发展的渔业经济增长效应——基于人均 GDP 和劳动生产率视角的省级面板数据 GMM 估计》，《农业技术经济》2014 年第 3 期。

率法，以金融资产总值与国民财富总值的比值来衡量金融支持规模；还有一种金融支持规模的测度方法为货币化指标法。结合本文研究内容并参考徐婷的研究[①]，选取金融相关比率法来衡量金融支持规模，以金融机构存贷款余额之和与地区生产总值的比值表示。

在金融支持结构测度方法研究中，有学者根据资本市场融资方式的不同，选取间接融资和直接融资的比值来衡量；也有学者选取资本市场中债券、证券等金融产品总额占金融总资产的比重来衡量。本文实证分析以广东省地级市数据为主，由于部分地级市数据难以获取，通过参考学者邓淇中和张晟嘉的金融结构指标选取方法[②]，本文以保费收入占地区生产总值的比重来衡量金融支持结构，保费收入占比越高，说明地区金融支持结构越完善。

在金融支持效率测度方法研究中，大多数学者采用的是金融机构的贷存比，以金融机构的贷款余额与存款余额的比值来衡量金融支持效率。本文在金融支持效率指标的选取上同样采用金融机构的贷存比来表示。

3. 控制变量

渔业经济产出会受到投资、劳动力、资本和技术等诸多因素的影响，因此在探究金融支持对渔业经济发展的影响时，还要选取适当的控制变量。在控制变量的选取上借鉴熊德平和孙佳的指标[③]，以地区固定资产投资与地区生产总值的比值来衡量地区投资水平；以渔船机械总动力与渔业从业人员的比值来衡量渔业机械投入，用渔业人均渔船机械动力来控制渔业机械投入对渔业经济的影响；以渔业从业人员与人口的比值来控制渔业劳动力投入对渔业经济的影响；水产品消费市场对渔业经

① 徐婷：《上海金融对渔业经济发展支持问题研究》，硕士学位论文，上海海洋大学，2015。

② 邓淇中、张晟嘉：《区域金融发展规模、结构、效率与经济增长关系的动态分析》，《统计与信息论坛》2012年第1期。

③ 熊德平、孙佳：《中国金融发展的渔业经济增长效应——基于人均GDP和劳动生产率视角的省级面板数据GMM估计》，《农业技术经济》2014年第3期。

济发展也具有一定的影响，受可得数据限制，选取人均水产品产值来控制水产品消费市场对渔业经济发展的影响。本文变量定义如表 1 所示。

表 1　变量定义

变量类型	指标	符号	定义
被解释变量	渔业经济	*Y*	渔业经济总产值/地区人口
解释变量	金融支持规模	*FIR*	金融机构存贷款余额之和/地区生产总值
	金融支持结构	*FSR*	保费收入/地区生产总值
	金融支持效率	*FER*	金融机构贷款余额/金融机构存款余额
控制变量	地区投资水平	*INVEST*	固定资产投资/地区生产总值
	渔业机械投入	*POWER*	渔船机械总动力/渔业从业人员
	渔业劳动力投入	*LABOUR*	渔业从业人员/地区人口
	水产品消费市场	*CONSUME*	水产品产值/地区人口

本文选取广东省沿海经济带 14 个地级市作为研究对象，运用 2011～2020 年广东省沿海经济带 14 个地级市相关数据对金融支持渔业经济发展的影响问题进行分析研究，其中数据主要来源于城市统计年鉴、城市经济运行报告等，但在查找数据的过程中发现，少数城市存在某些年份数据缺失的情况，为了提高估计结果的准确性，本文将最大限度地利用已有数据进行分析。本文主要选取 Stata 16.0 作为数据分析工具。

（二）模型构建

城市人口数量是对地区经济发展水平的重要反映，故本文选取渔业经济产值与地区人口（即城市常住总人口）的比值来作为被解释变量 Y，即人均渔业经济产值。通常认为，某地区本年度人均渔业经济产值不受上一年该地区人均渔业经济产值的影响，即 Y_t 不受 Y_{t-1} 的影响。因此，本文考虑的是静态面板模型。在实证中常采用固定效应模型，即：

$$y_{it} = x'_{it}\beta + z'_{i}\delta + u_i + \varepsilon_{it}(i = 1, \cdots, n; t = 1, \cdots, T) \tag{1}$$

其中，x'_{it} 为解释变量，分别为金融支持规模（*FIR*）、金融支持结构（*FSR*）和金融支持效率（*FER*），且会随个体和时间发生变化。z'_i表示不随时间变化的个体特征，用符号 *IC* 表示。选取地区经济发展水平作为个体特征变量，以地区经济发展状况划分，将珠三角地区划分为经济发达地区，取值为0，将粤东地区和粤西地区划分为经济欠发达地区，取值为1。u_i为看不见并不随时间变化的因素。前文也提及渔业经济发展受到诸多因素的影响，故引入相关控制变量，分别为地区投资水平（*INVEST*）、渔业机械投入（*POWER*）、渔业劳动力投入（*LABOUR*）和水产品消费市场（*CONSUME*）。因此，本文采用以下模型：

$$Y_{it} = \beta_0 + \beta_1 FIR_{it} + \beta_2 FSR_{it} + \beta_3 FER_{it} + \beta_4 control_{it} + u_i + \varepsilon_{it} \tag{2}$$

四　实证分析

（一）描述性统计分析

由表2数据可知，广东省沿海经济带14个城市的人均渔业经济产值（*Y*）的平均值为0.297，最小值为0.007，最大值为1.339，标准差为0.280，该数据反映了在不同地区不同时期之间人均渔业经济产值存在较大差异；金融机构存贷款余额之和与地区生产总值的比值（*FIR*）的平均值为2.498，最小值为0.918，最大值为6.141，标准差为1.123，通过该数据可以发现在不同地区不同时期之间金融支持规模也存在较大差异；保费收入占地区生产总值的比重（*FSR*）的平均值为0.035，最大值为0.069，最小值为0.011，标准差为0.013，通过该数据可以发现在不同地区不同时期之间金融支持结构存在差异，金融支持结构有待提升优化；金融机构贷款余额与存款余额比值（*FER*）的平均值为0.581，最大值为0.993，最小值为0.305，标准差为0.137，说明金融支持效率在不同地区不同时期之间存在的差异较小，而且从总体来看金融支持效率较高。

表 2　变量的总体描述性统计

变量	样本量	平均值	最大值	最小值	标准差
Y	134	0.297	1.339	0.007	0.280
FIR	134	2.498	6.141	0.918	1.123
FSR	134	0.035	0.069	0.011	0.013
FER	134	0.581	0.993	0.305	0.137
INVEST	134	0.492	1.017	0.122	0.205
POWER	134	5.906	72.030	0.229	13.060
CONSUME	134	0.182	2.463	0.003	0.259
LABOUR	134	0.029	0.074	0.000	0.023
IC	134	0.439	1.000	0.000	0.502

表 2 是对变量的总体描述性统计分析。为了更进一步了解不同地区之间所存在的差异，本文将广东省沿海经济带 14 个地级市分为珠三角地区、粤东地区和粤西地区三个区域，并分别对这三个区域数据进行描述性统计，描述性统计结果如表 3 所示。由表 3 可发现，粤东地区和粤西地区的人均渔业经济产值（*Y*）明显高于珠三角地区。从三个地区金融代理变量的大小来看，除了粤西地区金融支持结构（*FSR*）个别值外，珠三角地区金融支持规模（*FIR*）、金融支持结构（*FSR*）和金融支持效率（*FER*）的情况均要好于粤东地区和粤西地区。进一步对比变量之间的标准差发现，三个地区中人均渔业经济产值（*Y*）和金融支持结构（*FSR*）两个变量的标准差相差不大，金融支持规模（*FIR*）和金融支持效率（*FER*）两个变量的标准差相差较大。从数据上可以看出，粤东地区和粤西地区之间的金融支持差异要小于珠三角地区之间的金融支持差异。总的来说，描述性统计数据可以反映珠三角地区金融支持的规模、结构和效率大多数要好于粤东地区和粤西地区，但珠三角地区金融支持的规模、结构和效率又存在较大的波动性，珠三角地区金融支持的规模、结构和效率的稳定性不如粤东地区和粤西地区。

表3　变量的分组描述性统计

地区	变量	样本量	平均值	最大值	最小值	标准差
珠三角	*Y*	68	0.213	0.818	0.007	0.211
	FIR	68	3.312	6.141	1.846	1.007
	FSR	68	0.041	0.069	0.016	0.012
	FER	68	0.654	0.993	0.471	0.096
	INVEST	68	0.400	0.703	0.157	0.162
	POWER	68	9.167	72.030	0.229	17.740
	CONSUME	68	0.158	2.463	0.003	0.313
	LABOUR	68	0.015	0.067	0.000	0.018
	IC	68	0.000	0.000	0.000	0.000
粤东	*Y*	38	0.220	0.785	0.033	0.177
	FIR	38	1.724	2.326	1.056	0.339
	FSR	38	0.028	0.043	0.011	0.009
	FER	38	0.438	0.634	0.305	0.083
	INVEST	38	0.664	1.017	0.307	0.215
	POWER	38	2.544	5.640	0.742	1.521
	CONSUME	38	0.116	0.390	0.025	0.090
	LABOUR	38	0.036	0.074	0.019	0.018
	IC	38	1.000	1.000	1.000	0.000
粤西	*Y*	28	0.606	1.339	0.200	0.326
	FIR	28	1.572	2.216	0.918	0.379
	FSR	28	0.026	0.039	0.016	0.007
	FER	28	0.598	0.826	0.374	0.133
	INVEST	28	0.483	0.629	0.122	0.124
	POWER	28	2.550	4.496	1.409	1.294
	CONSUME	28	0.329	0.759	0.097	0.214
	LABOUR	28	0.054	0.070	0.031	0.017
	IC	28	1.000	1.000	1.000	0.000

通过图5可发现，各个城市的人均渔业经济产值时间趋势有所不同。有的城市人均渔业产值较高且呈现波动性，如阳江（*YJ*）、湛江（*ZJ*）、汕尾（*SW*）、珠海（*ZH*），有的城市人均渔业经济产值处于较

低水平，如深圳（*SZ*）、广州（*GZ*）、东莞（*DG*）、惠州（*HZ*）、揭阳（*JY*）。其他城市人均渔业经济产值处于中等水平且呈现波动性，如潮州（*CZ*）、茂名（*MM*）、汕头（*ST*）、中山（*ZS*）、江门（*JM*）。这种情况主要是由地区经济发展状况不同形成的，人均渔业经济产值较高的城市渔业经济产值较高，渔业劳动力投入较大，同时地区经济发展状况欠佳，人口流出导致人口基数较小，从而使人均渔业经济产值提高。而人均渔业经济产值较低的城市经济发展较好，吸引外来人口的流入，海洋经济也以高技术要求的海洋第二、第三产业为主，渔业经济产值较低，所以人均渔业经济产值处于较低水平。

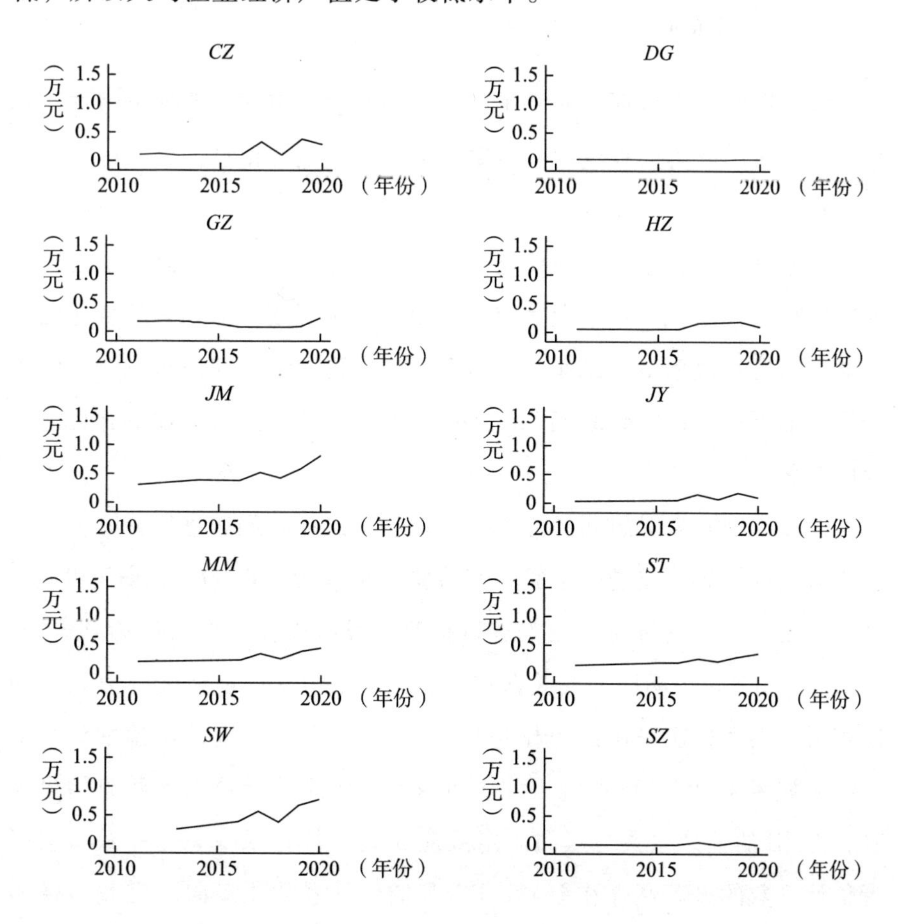

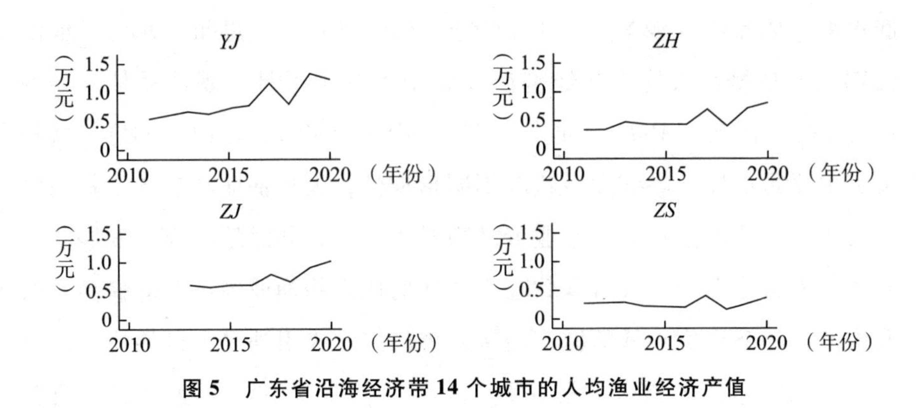

图5　广东省沿海经济带14个城市的人均渔业经济产值

（二）模型估计

本文所使用的数据为非平衡的长面板数据，根据其数据类型选用模型进行分析，此类面板数据主要采用的是固定效应模型，另一种随机效应模型在实际情况中较少使用。本文采用固定效应模型中的双向固定效应模型来进行模型估计，该模型不仅对个体效应进行了控制，也对时间效应进行了控制，而且双向固定效应模型解决了随个体和时间变化的变量缺失问题。模型估计结果如表4第（1）列所示。江门（*JM*）、汕头（*ST*）、汕尾（*SW*）等城市虚拟变量显著，说明存在固定效应，且时间效应显著。

但该模型并未对组间异方差和同期相关的存在问题进行分析，因此需要对其组间异方差进行检验，其检验结果p值为0.0000，说明组间异方差存在。再对组间同期相关进行检验，得出检验结果p值为0.0128，结果小于0.1，说明同期相关存在。检验结果得出存在组间异方差和同期相关，因而再次采用面板校正标准误（PCSE）来进行模型估计，估计结果如表4第（2）列所示。从使用不同模型估计得出的两组结果来看，PCSE的估计系数与双向固定效应模型的估计系数完全一致，但两者估计系数的显著性存在差异，PCSE的估计系数比双向固定效应模型的估计系数更为显著。

再次对组内自相关问题进行分析。假设扰动项ε_{it}服从AR（1）的过程，由于该面板数据中时间年限小于样本量，因此设定其自回归系数一致，再通过可行广义最小二乘法（FGLS）来进行模型估计，结果如表4第（3）列所示。同时为了与自回归系数不一致时进行对比，对自回归系数不一致时的模型也进行了估计，估计结果如表4第（4）列所示。从两者的估计结果对比差异来看，自回归系数是否一致对模型估计结果有影响。

表4　模型估计结果

变量	(1)	(2)	(3)	(4)
	OLS	PCSE	AR（1）	PSAR（1）
FIR	-0.121***	-0.121***	-0.072**	-0.068**
FSR	-4.715**	-4.715**	-2.684*	-2.980**
FER	0.285*	0.285*	0.282**	0.303***
INVEST	-0.274**	-0.274***	-0.110	-0.192**
POWER	0.002	0.002	0.001	0.001
CONSUME	0.067	0.067	0.027	0.025
LABOUR	-3.994*	-3.994*	-2.031	-1.408
城市				
DG	-0.164**	-0.164**	-0.172***	-0.183***
GZ	0.121	0.121	0.027	0.015
HZ	-0.127	-0.127*	-0.166***	0.797
JM	0.387***	0.387***	0.309***	0.305***
JY	-0.019	-0.019	-0.092*	-0.085*
MM	-0.011	-0.011	0.020	0.004
ST	0.203***	0.203***	0.111**	0.128***
SW	0.378***	0.378***	0.298***	0.289***
SZ	-0.054	-0.054	-0.124	-0.131
YJ	0.729***	0.729***	0.654***	0.628***
ZH	0.701***	0.701***	0.511***	0.489***

续表

变量	(1)	(2)	(3)	(4)
	OLS	PCSE	AR (1)	PSAR (1)
ZJ	0.654***	0.654***	0.562***	0.539***
ZS	0.190**	0.190***	0.126**	0.123**
常数项	0.449***	0.449***	0.261***	0.257***
N	134	134	134	134

注：* $p<0.1$；** $p<0.05$；*** $p<0.01$。

为了进一步对比地区之间存在的差异性，本文将广东省沿海经济带分为三组进行分组估计，分别为珠三角地区、粤东地区和粤西地区。首先，对珠三角地区的数据进行检验。一是对组间异方差进行检验，其检验结果的p值为0.0000，可说明组间异方差存在。二是对组内自相关进行检验，其检验结果的p值为0.0009，小于0.01，可反映一阶组内自相关的存在。三是对组间同期相关进行检验，其检验结果的p值为0.1628，大于0.1，可认为同期相关不存在。其次，对粤东地区的数据进行检验。一是对组间异方差进行检验，其检验结果的p值为0.0000，可说明组间异方差存在。二是对组内自相关进行检验，其检验结果的p值为0.0048，小于0.01，可反映一阶组内自相关的存在。三是对组间同期相关进行检验，其检验结果的p值为0.0002，小于0.01，可认为同期相关存在。最后，对粤西地区的数据进行检验。一是对组间异方差进行检验，其检验结果的p值为0.0006，小于0.01，可说明组间异方差存在。二是对组内自相关进行检验，其检验结果的p值为0.3405，大于0.01，可反映一阶组内自相关不存在。三是对组间同期相关进行检验，其检验结果的p值为0.0033，小于0.01，可认为同期相关存在。根据对三个地区相关数据的检验结果，再分别对广东省沿海经济带的珠三角地区、粤东地区和粤西地区进行分组模型估计，结果如表5所示。

表 5　分组模型估计结果

变量	(1)	(2)	(3)
	珠三角地区	粤东地区	粤西地区
FIR	-0.067	0.102	0.438
FSR	-1.693	-0.267	4.046
FER	0.163	0.439	0.337
INVEST	0.767 ***	-0.243	0.679
POWER	0.001	0.007	0.083
CONSUME	0.004	1.157 **	2.240 ***
LABOUR	-5.337 ***	0.491	-1.918
城市			
GZ	0.147		
HZ	-0.213 **		
JM	0.276 ***		
SZ	0.045		
ZH	0.555 ***		
ZS	0.185 ***		
JY		-0.002	
ST		0.010	
SW		0.094	
ZJ			0.827
MM			1.047
常数项	-0.003	-0.239	-1.824
N	68	38	28

注：** $p<0.05$；*** $p<0.01$。

（三）结果分析

在以上四种模型估计中，当估计结果不同时，更加看重估计系数的正负性和显著性；当估计结果相同时，则更加看重不同变量之间的估计系数大小。在表 4 的四种估计结果中，其中比较稳健的是 PCSE 的估计结果，故将 PCSE 的估计结果作为主要分析对象。

金融支持规模指标（*FIR*）选取金融机构存贷款之和与地区生产总值的比值来衡量，估计系数为 -0.121，系数为负且在1%的水平下显著，说明地区金融支持规模的过度投入会对渔业经济发展产生不良影响，在一定程度上会影响地区渔业经济的发展。

金融支持结构指标（*FSR*）选取保费收入占地区生产总值的比重来衡量，其估计系数为 -4.715，系数为负且在5%的水平下显著，说明地区金融支持结构的完善会对地区渔业融资产生阻力。金融支持结构越完善，金融资源自由化竞争也越激烈，渔业产业发展周期长、投资大的特点会使得金融要素投向周期短、回报高的产业，从而使得渔业经济发展受阻。

金融支持效率指标（*FER*）选取金融机构贷款余额与存款余额的比值来衡量，其估计系数为0.285，系数为正且在10%的水平下显著，说明地区金融支持效率的提高会促进地区渔业经济的发展。地区金融机构贷存款余额比的提高表明地区金融资源利用效率的提高，渔业金融资源利用效率的提高对渔业经济发展具有重要作用。

金融支持对广东省沿海经济带渔业发展的影响表现在渔业经济发展过程中所受的投融资约束程度。广东省沿海经济带中的珠三角地区包含了广州、深圳等国内一线城市，海洋资源丰富，海洋经济发达，渔业产业发展态势良好，产业基础设施较为完备；粤东地区和粤西地区渔业产值虽然较高，但区域经济发展相对落后，渔业基础设施有待完善，渔业产业链有待升级优化。要推进广东省沿海经济带渔业经济的发展，需发挥珠三角地区的带动引领作用，加快推动广东省东西两翼的渔业经济发展，推动两地的渔业产业链优化，规划利用近海领域、远洋领域、深海领域、沿海岸带发展渔业经济，构建渔业产业集群，加强渔业产业链建设，引导渔业科技发展创新，加强地区间渔业经济合作发展。渔业经济高质量发展离不开完善的渔业金融服务体系支撑发展，要从金融支持规模、金融支持结构和金融支持效率等多方面来满足广东省沿海经济带渔业发展建设的客观需求。从经济总量上看，广东省金融支持规模要满足其沿海经济带渔业发展建设所需的资金量，只有当地区金融支持规模满足其渔业经济发展的资金需求时，才能进一步促进地区渔业经济优化发展。当金融支持规模符合客观需求或投入冗余时，金融支持效率的提高也是必要的，可以说金融支持规模是经济发展的重要支撑，金融支持效率则是经济优化发展的重要推力。在金融支持规模一定的情况下，金融支持效率的提高能使已有资金利用效率最大化，推动经济高效发展运行。在保证金融支持规模和提高金融支持效率的同时，还要注重金融支持结构的调整优化，地区金融支持结构趋于完善，金融自由化竞争加剧，渔业因周期长、回报低的产业特性导致其融资难，要有针对性地投入金融资源来扶持渔业经济发展。

通过对广东省沿海经济带 14 个地级市的分组估计结果得出，珠三角地区、粤东地区和粤西地区的金融支持状况存在巨大差异。在珠三角地区，扩大金融支持规模（*FIR*）会抑制地区渔业经济增长，但估计系数不显著。在粤东地区和粤西地区，*FIR* 估计系数为正，估计系数也不显著，可在一定程度上认为提高 *FIR* 会促进粤东地区和粤西地区渔业经济增长。金融支持规模的扩大对推进粤东地区和粤西地区渔业发展的作用明显高于珠三角地区。优化金融支持结构（*FSR*）对粤西地区渔业发展具有正向促进作用，虽然估计系数不显著，但也可以表明该地区可以通过进一步优化金融支持结构来发展渔业经济；*FSR* 在珠三角地区和粤东地区的估计系数均为负，同时珠三角地区估计系数小于粤东地区，这可能是由于地区金融体系完善导致渔业金融资源竞争加剧。金融支持效率（*FER*）在珠三角地区、粤东地区和粤西地区的估计系数都为正，但其估计系数都不显著。这可在一定程度上认为金融支持效率的提高对地区渔业经济发展具有正向的促进作用。总的来说，珠三角地区、粤东地区和粤西地区之间存在的差异，主要为金融支持规模和金融支持结构上的差异。珠三角地区金融支持规模的过度投入和金融支持结构趋于完善会对渔业经济发展有抑制作用，粤东地区和粤西地区金融支持规模还需要加大投入，金融支持效率也需要进一步提高。

（四）稳健性检验

稳健性检验通过增加变量或减少变量来进行，本文采用增加变量的方式，即将个体特征变量地区经济发展水平（*IC*）加入解释变量中，估计结果如表6第（2）列所示。

表6　稳健性检验

变量	(1)	(2)
	PCSE	PCSE1
FIR	-0.121***	-0.121***
FSR	-4.715**	-4.715**
FER	0.285*	0.285*
IC	—	-0.190***
INVEST	-0.274***	-0.274***
POWER	0.002	0.002
CONSUME	0.067	0.067
LABOUR	-3.994*	-3.994*
城市		
DG	-0.164**	-0.354***
GZ	0.121	-0.0688
HZ	-0.127*	-0.317***
JM	0.387***	0.197***
JY	-0.019	-0.019
MM	-0.011	-0.011
ST	0.203***	0.203***
SW	0.378***	0.378***
SZ	-0.054	-0.244***
YJ	0.729***	0.729***
ZH	0.701***	0.511***

续表

变量	(1)	(2)
	PCSE	PCSE1
ZJ	0.654***	0.654***
ZS	0.190***	—
常数项	0.449***	0.639***
N	134	134

注：* $p<0.1$；** $p<0.05$；*** $p<0.01$。

由表6模型估计结果可知，将个体特征变量地区经济发展水平加入解释变量后，其估计系数显著，但估计结果并未发生很大改变，说明地区经济发展水平对渔业的发展也具有影响。其中个别城市估计系数的正负和大小发生了一些改变，但从整体上来说，估计系数的显著性并未发生巨大改变。由此可见，本文的模型估计结果具有良好的稳健性。

五 结论与建议

本文从规模、结构和效率三个角度实证分析了金融支持广东省沿海经济带渔业发展的现状及问题，对广东省沿海经济带的金融支持情况有了更深入的了解，最后通过实证分析为广东省沿海经济带渔业发展提供了具有针对性的政策建议。通过分析实证研究结果可以发现，广东省沿海经济带14个地级市渔业发展的金融支持状况存在显著差异，三个分组地区渔业发展的金融支持规模、结构和效率也存在明显区别，各城市之间也具有明显的个体特征。因而要进一步因地制宜，制定符合地区渔业发展的金融支持政策，运用不同的金融支持手段及金融工具来推动渔业经济的发展，同时广东省沿海经济带渔业发展也需要统筹规划，要不断加强沿海城市渔业发展合作。

从金融支持规模来看，适度投入金融机构存贷款余额，可以使单位渔业产值获得更多的金融资源支持，推动渔业经济增长发展。但是从金融机构存贷款余额之和与地区生产总值的比值（*FIR*）的估计系数大小可以看出，目前金融支持规模过大对渔业经济发展产生了抑制作用。从金融支持结构来看，保费收入占地区生产总值的比重（*FSR*）的提高对渔业发展有阻碍作用，金融支持结构趋于完善，地区金融自由化竞争加剧会进一步使渔业融资难度增大。从金融支持效率来看，金融机构贷存比（*FER*）的提高对地区渔业经济发展具有明显的促进作用，要进一步提高渔业金融资源利用效率，助推渔业经济发展。

通过对广东省沿海经济带 14 个地级市进行分组研究可以发现，珠三角地区、粤东地区和粤西地区之间存在明显差异，粤东地区和粤西地区金融支持规模对渔业发展的支持作用远高于珠三角地区；粤西地区的金融支持结构需进一步完善，但从目前金融支持状况来看，粤西地区金融支持结构更有利于地区渔业经济发展；提高金融机构贷存比，进一步提高金融资源利用效率有利于三个地区渔业经济发展。但从估计结果中系数值的大小来看，粤东地区金融支持效率情况好于珠三角地区和粤西地区，珠三角地区和粤西地区需进一步提高金融资源利用效率。

通过上述结论分析，本文对广东省沿海经济带渔业发展提出以下几点政策建议。第一，适度扩大金融支持规模，提高金融支持效率。渔业经济高质量发展是广东省海洋经济高质量发展的重要组成部分，要推动广东省渔业经济高质量发展，满足其所需的金融支持规模是必要的。而且研究证明，珠三角地区金融支持规模过大会对渔业经济发展产生抑制作用，粤东地区和粤西地区渔业金融支持规模则需进一步扩大投入，同时在金融支持规模一定的情况下也要进一步提高金融资源的利用效率，充分发挥金融资源对渔业经济发展的促进作用。第二，促进金融结构优化，助推渔业产业内部结构调整。在金融结构优化调整中，金融资源的流动可以带动产业转移发展，可有针对性地制定金融支持渔业产业内部结构调整的策略，以金融资源的流动引导渔业三次产业发展，如针对渔业第三产业发展，可设立专业金融扶持机构和专项融资，构建渔业第三产业体系，发展集生产经营、饮食服务、游览观光和科普教育等于一体的休闲渔业。第三，多渠道筹措资金，引导社会资金投资渔业领域。渔业产业具有弱质性，金融资源要素竞争力不如工业等其他产业，因此要发挥地方政府的金融调控作用，带动社会资金投入渔业发展，引导金融机构助推渔业产业发展，在利用国内资金发展的同时也要积极引进外资，多渠道筹措资金，为渔业发展提供物资保障。第四，不断完善渔业发展的配套金融服务体系，金融资源的有效利用需要制度规范，配套的监管制度和资源分配制度等可避免金融资源浪费、金融资源不正当竞争等乱象的产生。同时，因渔业产业存在自然风险性，需要具有配套的渔业风险担保机制，为渔业生产发展提供保障。第五，增加涉海金融机构数，创新渔业金融产品和金融服务模式。涉海金融机构能为渔业经济发展提供更为专业的金融服务，渔业金融产品的创新对解决海洋产业融资难题具有重要作用，创新金融服务模式，融合现代化发展理念，为渔业产业提供个性化、特色化和一体化的综合金融服务。

（责任编辑：徐文玉）

青岛市海洋文化资源挖掘与产业化分析*

徐文玉**

摘　要　青岛市海洋文化资源丰富，是“青岛风貌”和“青岛精神”的书写，也是青岛海洋文明的重要组成部分。随着对海洋文化资源的挖掘，青岛海洋文化资源的产业化发展取得一定成就，蓝色软实力不断提升，但海洋文化资源挖掘力度不足、海洋文化产业化发展规模偏小、产业化结构不合理、创新乏力等问题依然制约着青岛海洋文化的高质量发展。因此，需要把握青岛海洋文化资源要素条件，实施海洋文化挖掘工程，创新海洋文化发展模式，大力发展乡村渔村海洋文化，为打造现代产业先行城市和引领型现代海洋城市发挥应有作用。

关键词　海洋文化　海洋文化产业　现代海洋城市　海洋文明　青岛

青岛市海洋文化资源丰富，它们既是青岛“海洋”特色的闪亮点，也是青岛海洋文化自信的渊源。以海洋文化资源为载体，大力发展海洋文化产业，推进海洋文化与旅游等多领域深度融合发展，充分展现青岛的海洋文化价值，以此来振兴海洋文化、发展海洋文化产业，是青岛市加快打造现代海洋产业体系和绿色可持续海洋生态环境的文化支撑与精神动力，更是建设引领型现代海洋城市应有的文化构想和文化担当。

---

* 本文为山东社会科学院博士基金项目“山东省海洋文化遗产保护研究”、山东省社会科学规划研究专项“山东省海洋文化遗产保护与传承研究”（22CLJY25）的阶段性成果。

** 徐文玉，管理学博士，经济学博士后，山东社会科学院助理研究员，主要研究方向：海洋文化创新发展。

一　青岛市海洋文化资源的现有格局

在青岛市 10654 平方公里的海陆区域内，最具有海洋文明特色的就是沿着曲折的黄海海岸线自然形成的“Ω”形滨海文明带。这条孕育和承载数千年青岛海洋文明的“Ω”形滨海文明带，东北端始于即墨金口丁字湾的莲阴河口，西南端止于胶南海青的白马河和吉利河口，全长 730 多公里，宽约 20 公里。若从空中鸟瞰，这条“Ω”形滨海文明带的中间部位，有一个半封闭型天然海湾——胶州湾。[①]

青岛海洋文化资源表现出的“青岛风貌”和“青岛精神”，无论是在物质层面还是在精神层面，都有着本地的特殊性和独特价值。从分类上看，青岛海洋文化资源主要包括海洋自然文化资源、海洋历史文化资源、海洋民俗文化资源、海洋文学文化资源、现代化海洋文化资源等不同类型。

第一，海洋自然文化资源。青岛海洋自然文化资源中最突出的就是优美的海洋自然风光，它包括琅琊湾、灵山湾、胶州湾等在内的多个海湾，另外还有青岛沿海的 69 个海岛，是青岛市海洋军事、渔业、旅游、科研等活动的重要场所。在公园场馆设施方面，青岛有中国第一座展示海洋生物的水族馆、多个海水浴场、沙滩公园等。中国第一座海军博物馆也坐落在青岛，另外还有青岛海产博物馆、极地海洋世界、奥帆中心等多个主题会展场馆。

第二，海洋历史文化资源。青岛市的海洋历史文化资源颇丰：一是渔业历史文化资源，胶州三里河遗址发现的蓝点马鲛鱼鱼骨是青岛沿海地区渔业发达的有力证明，另外还保存有传统渔业的生产知识、工具与技术等；二是盐业历史文化资源，青岛市盐业历史最早可追溯至夙沙氏

① 郭泮溪：《对青岛海洋文明历史中几个问题的初步探讨》，《东方论坛》2009 年第 5 期。

煮海为盐，西汉时在计斤（今胶州西南）设有盐官管理盐业，元代时在胶州湾设立了石河盐场，并延续使用到明清时期，形成了一套完整的胶州湾盐业管理和运销体系；三是航海历史文化资源，胶州湾海上丝绸之路的起源可以追溯到4500多年前的新石器时代，航海历史文化悠久，史前时期胶州湾先民就开拓了自胶州湾至日本列岛的海上航线，并设立了北方唯一的市舶司——板桥镇，开启了胶州湾辉煌的海外贸易；四是港口历史文化资源，在青岛胶州湾沿岸，众多古港码头呈点状分布，比较有名的港口有琅琊、安陵、板桥镇、塔埠头、金家口、女姑口、沧口、沙子口、青岛口等；五是海洋军事历史文化资源，如东接大海的齐长城遗址、为防止倭寇侵扰而设置的东西两个明清卫所——鳌山卫和灵山卫、青岛炮台、团岛水上机场等。

第三，海洋民俗文化资源。青岛的海洋民俗文化资源包括展示妈祖信仰、海神娘娘信仰、海龙王信仰等海神信仰的天后宫、龙王庙、海云庵、南阁庙、青云宫等，另外还有天后宫庙会、周戈庄“上网节”、海王庙庙会、小龙山庙会等庙会节庆资源。除此之外，传统的民居、民间手工艺（如木质渔船制作技艺等）和青岛海鲜饮食文化也是青岛海洋民俗生活的重要体现。

第四，海洋文学文化资源。青岛市流传着许多关于海洋的民间传说，由张崇刚主编的《青岛海洋民间故事》从海洋生物、海岛、海礁、渔村民俗四个方面记录了流传在青岛的海洋民间故事。除了海洋民间传说以外，还有许多历朝历代赞咏青岛的诗歌，如唐代李白曾有“我昔东海上，劳山餐紫霞”之句；元代丘处机的“云海茫茫不见涯，潮头只见浪翻花”；清代蒲松龄除了留下脍炙人口的《崂山道士》和《香玉》两篇小说之外，亦有《西江月·崂山太清宫》一诗，盛赞崂山；近代康有为写下大量咏叹青岛之美的诗篇，他在写给友人的书信中极尽溢美之词，“绿树青山，不寒不暑，碧海蓝天，可舟可车，中国第一”；还有叶圣陶的《海滩拾贝》，臧克家的《海滨杂诗二首》等。此外，位于青岛的中国海洋大学海洋文化研究所是全国首家海洋文化研究与人才培养机构，出版了《海洋文化概论》等海洋文化专著30余部。

第五，现代化海洋文化资源。当代青岛市的海洋文化在传统海洋文化资源的基础上内涵不断深化，形式不断变化，种类不断丰富，逐渐衍生出休闲垂钓、渔业体验、养殖观赏等海洋休闲体验文化，海洋水上、水下和海空体育休闲运动等海洋体育竞技文化，贝雕、木质渔船制作、渔民画、珊瑚与珍珠工艺品制作等海洋工艺文化，海洋文化相关工程和管理的咨询以及海洋文化信息披露等海洋信息文化，海洋相关新闻出版、广播影视与电子网络传媒等海洋传媒文化，海洋文化广告创意与设计、艺术创作、软件开发与设计等海洋创意文化，海洋类音乐、戏剧、曲艺表演及海洋类演艺活动等海洋文艺文化。这些现代化形式的海洋文化体现了青岛海洋文化资源保护与创新发展的力度，也为青岛海洋文化资源的产业化开发利用打下了坚实的基础。

二　青岛海洋文化资源挖掘保护与发展现状

近几年，随着《山东省“十四五”海洋经济发展规划》《青岛市新旧动能转换“海洋攻势”作战方案（2019—2022年）》《关于聚力打造“六个城市”加快建设新时代社会主义现代化国际大都市的实施意见》等一系列政策的实施，以及国家文物局水下文化遗产保护中心北海基地的建立，青岛市海洋文化资源的保护与发展取得长足的进展。

（一）青岛海洋文化资源的挖掘保护现状

随着青岛城市建设步伐的加快，在青岛与海洋互动的过程中，在海洋空间和海洋工程中，在沿海社群居民的生活中，海洋文化资源挖掘力度不断增大，现代海洋文化资源的内涵也逐渐丰富，衍生出许多契合公众多元化、个性化海洋文化需求的现代化新型海洋文化资源品类。同时，文旅部门和相关文物保护单位也对青岛传统海洋文化遗产和遗迹的历史脉络、价值内涵等进行了深入的梳理和保护，使青岛市海洋文化的历史风貌得到新的呈现。例如，青岛民俗博物馆中妈祖文化陈列馆的设立，将数字技术与妈祖文化的展陈方式进行创新融合，深刻而形象地展示了妈祖文化在青岛的发展历程，强化了对青岛传统海洋文化的认知和普及。

在对海洋文化资源的保护方面，青岛市出台了《关于加强青岛历史文化名城保护和利用的议案》等政策，对海洋文化文物进行调查评估，指导相关单位管理、保护和修缮文物，组织文物的展陈及经营、科研等活动。同时，建立了青岛非物质文化遗产分级保护档案和数据库，对青岛市文化遗产资源进行系统全面的整理记录，构建青岛海洋非物质文化资源体系，并对其进行数字化的存储、保护和利用。对于特别重要的海洋文化资源，通过建立博物馆和数字保护平台等方式来进行保护和传承。对于海洋公园等则采用生态保护以及与主题建筑、自然资源等进行“跨界融合”的方式进行保护式开发。除了在政府主导下开展海洋文化资源的创新保护与发展利用，相关学术机构和团体也在海洋文化资源的保护利用研究等方面做出积极的贡献，另外还有一些民间力量如企业和个人出资支持青岛海洋文化资源的保护工作，大致上形成了政府—社会—民间三方力量相结合的海洋文化资源保护模式。

（二）青岛海洋文化资源的开发利用现状

青岛的海洋文化资源丰富。目前，海洋文化资源的开发利用涉及多种行业、多个领域，概括起来主要有以下几个方向：一是利用海洋自然资源、公园设施、海岛文化资源等海洋自然文化资源发展滨海都市风情旅游、海岛游、渔村游、海上游等海洋旅游和休闲文化产业；二是利用海洋非物质文化遗产遗迹、民间信仰、饮食文化、庙会节庆等海洋历史、民俗和文学资源发展现代节庆、海洋文艺、海洋影视、海洋工艺等产业门类；三是利用现代化的海洋文化创意发展海洋传媒、创意设计等海洋创意文化产业资源。

近几年，青岛借助自身优势，以丰富的海洋文化资源为积淀，大力推动海洋文化产业化发展，海洋文化相关产业增加值连年增加，占青岛市文化产业的6成左右。[①] 青岛市海洋文化资源产业化发展的门类较多，在产业结构与布局、发展方式上也存在自己的特色和发展趋势。

从当前青岛海洋文化资源产业化发展的结构来看，滨海旅游业、海洋节庆会展业、海洋体育竞技业是青岛海洋文化资源产业化开发的主要方向，尤其是海洋节庆会展业和海洋体育竞技业在近几年呈现迅速增长的势头，表现出较大的发展潜力。其次是海洋艺术表演业、海洋文化传媒业、海洋创意设计业、海洋信息服务业等新兴门类，它们在当前互联网技术、大数据技术等科技的快速发展下逐渐兴起，满足了公众对当前海洋文化私人化、定制化等消费升级的需求。海洋民俗文化产业、海洋工艺品业作为青岛市的传统海洋文化产业门类，近几年发展较为缓慢，甚至出现下降的趋势。这也从侧面反映了青岛市需要利用更多的平台和技术，将创新和创意融入传统海洋文化产业门类中，实现海洋文化产业发展的新旧动能转换。

从当前青岛海洋文化资源产业化发展的布局来看，在青岛市的7个市辖区、3个县级市中，海洋文化的产业化开发主要分布在胶州湾沿线经过的市南区、市北区、李沧区、城阳区、即墨区、胶州市、黄岛区，以及崂山区等区域，尤其是一些滨海旅游业、海洋休闲渔业、海洋节庆会展业等传统海洋文化相关产业门类多沿胶州湾沿线的近海、近岸区域分布，而海洋信息服务业、海洋创意设计业、海洋文化传媒业等新兴海洋文化相关产业门类则零散地分布在青岛市的各个区域中。平度市、莱西市则较多地分布着海洋民俗文化产业、海洋节庆会展业等几个海洋文

① 李刚：《青岛市海洋文化产业的统计与探析》，《中国统计》2013年第8期。

化相关产业门类。

从当前青岛海洋文化资源产业化发展的方式来看，青岛市的海洋文化资源开发形成了特定区域范围内的“带状”发展模式和“点轴式”发展模式。“带状”发展模式主要是胶州湾沿线海岸带海洋文化资源产业化的联动发展，即在胶州湾海岸带的发展规划下，实现东海岸、西海岸和北海岸三个区域，团岛—孤山、城阳海西村—红岛后阳村、大沽河口—薛家岛[①]三条线段上海洋文化产业的合理规划与共同发展。“点轴式”发展模式即在青岛市区内海洋文化发展的详细布局，例如在青岛西海岸新区形成了以黄岛“金沙滩”为核心、以“银沙滩”和“大珠山、小珠山”为节点的集滨海旅游、休闲渔业、海洋文化遗产、海洋影视文化、海洋数字文化、海洋节庆会展于一体的区域海洋文化相关产业集群。

从当前青岛海洋文化产业的市场主体结构来看，青岛市海洋文化企业规模普遍偏小，企业类型以小微企业和家族、家庭、个体、团体式的个体经营户居多，大型企业集团偏少，产业组织集约化程度不高、资源相对分散，核心竞争力不强。

三　青岛海洋文化资源挖掘与产业化存在的问题

（一）顶层规划和政策扶持不足

第一，青岛市具备良好的海洋文化资源禀赋条件和海洋文化产业发展基础，但海洋文化发展缺乏科学合理的顶层规划。虽然山东省在《山东海洋强省建设行动方案》中提出要“合理布局海洋文化产业，着力构建特色鲜明的现代海洋文化产业集群”，《青岛市“十四五”海洋经济发展规划》也提出“融合发展海洋文化产业”，但具体的海洋文化

① 中国海湾志编纂委员会：《中国海湾志（第四分册）——山东半岛南部和江苏省海湾》，海洋出版社，1993。

产业发展目标、方针、方法、理念等，无论是整个山东省还是青岛市都没有进行详细合理的规划和设计，缺乏对青岛市海洋文化产业发展的科学规范引导和统筹规划，使得青岛市的海洋文化及海洋文化产业的发展仍然处于较零散的状态，海洋文化资源没有得到充分利用。

第二，政策扶持力度不足。虽然近几年青岛市关于海洋文化发展政策的数量呈上升趋势，但对于青岛市海洋文化的发展速度来说，政策量仍明显不足，并且随着时间的推移，部分政策在海洋文化及其产业化发展过程中逐渐失去有效性和时效性。[①] 另外，针对青岛市海洋文化发展的扶持政策和配套设施建设尚不健全，海洋文化产业市场规范也有待提高，政策总体的有效性偏低，对于真正带动海洋文化产业的迅速发展还有较大空间。顶层设计规划的缺乏和政策扶持力度的不足，也在一定程度上说明了青岛市对海洋文化发展的重视程度不足。

（二）缺少明确定位，地域特色不鲜明

近年来，青岛市各区域陆续开始利用地方海洋文化资源进行产业化发展，但是由于缺少明确的发展定位和鲜明的地域特色，没有丰富的经营管理经验、长远的发展规划和健全的保障体系，整体的海洋文化资源的产业化发展仍处于初级阶段，在探索过程中易于简单效仿其他地区的发展模式，使青岛市海洋文化的本土优势无法充分发挥，难以在山东省及其周边地区的海洋文化产业化发展的竞争中胜出。

在“大众创业、万众创新”的政策号召下，青岛市海洋文化内涵在创新中不断丰富，海洋文化公共产品和服务不断完善，但与此同时也存在“搭政策之便车”的现象。很多海洋文化产业主体往往只是为了迎合政策而创新，或为了创新而创新，应海洋文化产品和服务的一时之供需，未能考虑青岛海洋文化的可持续发展要求，在主动积极的追求和

① 徐文玉：《中国海洋文化产业主体及其发展研究》，博士学位论文，中国海洋大学，2018。

被动的安排下，盲目或者过度开发海洋文化，导致不少海洋文化产品和服务普遍存在重物质轻精神、重效益轻内涵、低层次低质量、重复建设和缺乏个性等问题。[①]

（三）公众海洋文化意识仍较淡薄，海洋文化建设专业人才匮乏

近年来，青岛市开展了一系列面向国民的、普及性的、基础性的海洋文化知识教育活动，市民在海洋资源开发、海洋生态保护、海洋权益维护中的参与意识有所增强，关于海洋安全事件、海洋安全问题的海洋安全观念有所加强。虽然海洋环境问题日益引起公众的关注和广泛参与，但公众具备的海洋环境知识并不足以对海洋环境问题进行有效的知觉和判断，海洋意识教育和普及有待进一步拓展。另外，青岛市有多个涉海高校和科研单位，部级以上高端海洋科技平台占全国的1/3以上，拥有全国1/3以上的涉海领域两院院士，海洋专业人才占全国同类人才的比例近20%，海洋方面的人力资源基础可谓雄厚，但专门从事海洋文化研究的人才、培育海洋文化人才的单位却较少。

（四）产业化发展布局不合理，市场创新驱动不足

从目前青岛市海洋文化资源的产业化发展现状来看，传统海洋文化产业门类仍然占据较高的比重，且整体产业覆盖面不广，相应的海洋文化产品和服务的种类不够丰富。海洋工艺品业等基本消费型海洋文化产业发展增速缓慢，海洋节庆会展业、海洋体育竞技业等发展型海洋文化产业发展增速较快。另外，从区域布局来看，胶州湾沿线和青岛市区内海洋文化的发展较之青岛乡村、渔村地区的海洋文化发展有着较大的优势。尤其是在海洋文化产业的发展上，青岛的乡村、渔村地区虽然海洋文化资源丰富，但资本、人力等市场资源较为缺乏，海洋文化产业的发

---

① 徐文玉、马树华：《中国海洋文化产业供给侧结构性改革探析》，《中国海洋经济》2017年第1期。

展还大有空间。

创新驱动不足也是青岛市海洋文化资源产业化发展面临的一个重要问题。当前，互联网技术与服务在不断发展与推进，海洋文化资源也需要借助“互联网思维”进行网络数字化的开发与整合，实现“互联网＋海洋文化”的产业模式。青岛市虽然在传统海洋景观文化、海洋遗产文化、海洋民俗文化、海洋教育与科技文化等方面开展了海洋文化资源的挖掘与开发，但在互联网背景下开展的诸如海洋文化数字化平台构建和数字化产品与服务的制作开发等融合新技术、新媒介的海洋文化挖掘和开发行为较少，亟须打造一种具有现实意义的“互联网＋海洋文化”类型，包括建设海洋文化数字化平台、设计研发虚拟海洋文化产品、定制数字海洋文化服务、重建海洋文化虚拟世界等多方面高科技含量的海洋文化资源开发。

（五）缺乏对海洋文化的系统挖掘，对海洋文化遗产的保护力度不足

青岛市海洋文化历史悠久、资源种类丰富且数量较多，但目前青岛现有的海洋文化资源家底还未摸清，对海洋文化的挖掘力度仍不足，尚未建立起青岛海洋文化的基因库，尤其是那些能够体现青岛传统海洋文化精髓、凸显青岛海洋文化特色发展观念的海洋文化资源仍然缺乏系统深入的挖掘和梳理，没有建立完整的青岛海洋文化资源体系。在青岛海洋文化资源的保护和利用工作中，主要还是依靠政府来支撑海洋文化资源的保障机制，尚没有形成多方主体的通力合作。不能对青岛的海洋文化资源进行全面系统的掌握，就难以进行系统全面的保护。

四　青岛海洋文化资源挖掘和产业化路径分析

（一）实施海洋文化挖掘工程

青岛市的海洋文化资源种类丰富、数量众多。这些海洋文化记录了

青岛的城市发展历史和社会形态，凝结了青岛市沿海社群的集体智慧和生活经验，展示了青岛的地理风貌和海洋特色。但同时，这些海洋文化分布较为散乱，尚未建立起一套完整的海洋文化资源库。因此，应立即启动以海洋文化资源为主题的专项调查，组织相关部门和人力对青岛海洋文化资源的基本情况进行全面系统的普查和分类挖掘。对系统挖掘的海洋文化资源，要立即进行梳理归类，寻根建档，并进行系统研究，明确青岛市海洋文化资源的具体内容构成、基本特性，并进行内涵价值的深刻解读和研究。尤其是对能体现青岛特色和优势、具有重大价值的海洋文化资源，更要详细梳理和研究其历史沿革、价值意义，再现青岛海洋文化底蕴。对特色性较强、价值较大的海洋文化资源进行详细的调查研究，对有产业化潜力的海洋文化资源进行有针对性的产业开发设计，形成可供政府决策部门参考的调查研究报告。

（二）推动“海洋文化 + 旅游”融合，突出青岛海洋文化产业区域特征

海洋文化产业的高质量发展需要基于自身优势和特色找准定位和方向，突出本土海洋文化特色和价值，寻求一定的差异性和优势，避免重复化，走品牌化道路，这样才能够给人有冲击力的第一印象，加快青岛海洋文化产业的可持续发展。滨海旅游业一直是青岛海洋文化产业发展的主导产业，要全面推动“海洋文化 + 旅游”融合转型发展，重塑“海洋文化 + 旅游”新格局。可在青岛名山、名海、名城相依相伴的独特景观基础上，整合渔港、旅游码头，构建特色旅游支撑体系，连接“田横岛旅游组团”—“大小管岛 - 即墨 - 崂山旅游组团”—“前海旅游组团”—“竹岔道 - 凤凰岛旅游组团”—“灵山岛 - 凤凰岛 - 胶南旅游组团”，打造城市、海岛、村居“一程多站”的多主题特色滨海旅游线路和产品，实现海洋主题公园、大型旅游综合体等重大旅游项目的整体突破。同时，依托青岛“山、海、湾”旅

游资源禀赋条件，大力发展海岛旅游、远海旅游，构建陆海一体的旅游交通体系，重点突出海岛游和邮轮游等文旅深度融合的创新发展方向和特色。

（三）创新海洋文化产业业态，构建“智慧型”海洋文化产业化发展模式

一方面，要对已有的传统海洋文化产品和服务进行传承或再创新，借助先进科学技术，丰富青岛海洋文化传统品牌的文化内涵。例如，在现有海洋博物馆和展览馆基础上，对其展陈方式及体验方式进一步创新，比如借助传感技术实现情景式的人海互动探索。近年来，青岛动漫产业逐渐推出涉海动漫作品，依靠信息网络技术和电子信息技术在互联网、电视、图书馆等平台进行展播，取得了一定的成绩。如进一步挖掘优秀的海洋传说故事、海洋民间信仰、海洋民间习俗等素材，在更大市场推出涉海类图书、电影、动画片、游戏等作品，实现海洋文化作品的系列化、网络化、手机化，将会加快其产业化步伐。另一方面，各类海洋节庆活动，如青岛国际啤酒节、青岛海洋节、周戈庄祭海节等，如能参与到网络互动中来，充分利用网络技术实现同步放送，不仅能更好地提升其知名度，而且有助于树立节庆品牌形象，提升市场美誉度。

（四）推动海洋文化的跨界融合协作与产业化集群发展

在海洋文化资源的创新式保护和开发利用过程中，将海洋文化与滨海旅游业、陆域交通运输、沿海生态环境、公共基础设施、城市生活及配套服务业等领域融合起来，使海洋文化融入青岛城市生活和社会进步发展的方方面面，设计开发出一系列推进海洋特色相关领域发展的整体和配套方案，实现多种涉海资源的融合发展和整体联动发展，构建“智慧型”“联动型”海洋文化产业发展模式，将整个青岛沿海区域的

海洋文化发展构建成一个海洋特色鲜明的“命运共同体”，扩大青岛海洋文化产业的发展规模，更深层次、更广范围、更大领域地滋养青岛的海洋文化根脉，同时促进其他产业以海洋文化为载体和配套的转型升级，进而带动整个城市的发展和进步。

（五）大力发展乡村海洋文化产业，振兴乡村经济发展

青岛沿海农村、渔村地区有着丰富的、原汁原味的海洋文化资源，它们是现代海洋文化产业创意和灵感的来源，因此发展农村海洋文化产业，不仅仅是培育海洋经济发展新动能的有效途径，更是振兴山东省乡村发展的有力举措。[①] 青岛沿海地市的农村地区有着种类丰富的海洋文化资源，可以借助现代化的文化创意、元素和灵感，对青岛渔村、农村的海洋文化资源进行特色化开发，培育沿海乡村特色海洋文化新兴产业。例如，沿海渔村可以借助滨海旅游资源发展渔村休闲旅游、休闲渔业、乡村生活体验等不同类型的海洋文化产业；拥有传统节庆资源的农村、渔村则可以大力发展和宣传节庆资源，诸如举办金沙滩文化节、田横岛开海节等；在青岛市地方政府的规划和带领下，进一步开发田横岛、青山渔村民俗博物馆等历史和民俗海洋文化，进而开发和繁荣农村地区的海洋文化。[②] 以青山渔村为例，可将原本个体经营的民宿、餐饮店与“渔村民俗风情博物馆”整合成为一个以渔家文化为特色的乡村旅游综合区，一方面整合并保护渔民的个体经营，另一方面利用渔村的传统文化建设渔村渔俗博物馆、妈祖文化馆等公益性海洋文化场馆[③]，借助渔村的公共文化空间定期举办和开展文化节庆活动。这样就可以将

---

① 张忠：《青岛农村地区海洋文化产业发展现状及对策分析》，《广东海洋大学学报》2015年第2期。

② 郑贵斌、刘娟、牟艳芳：《山东海洋文化资源转化为海洋文化产业现状分析与对策思考》，《海洋开发与管理》2011年第3期。

③ 韩兴勇、刘泉：《发展海洋文化产业促进渔业转型与渔民增收的实证研究——以上海市金山嘴渔村为例》，《中国渔业经济》2014年第2期。

渔村的发展和渔民的民生、民计有机结合起来，既能丰富、传承和发展山东渔村文化的深厚底蕴和鲜明特色，让渔村重新焕发出活力，又可以为渔村和周边带来更多的滨海旅游收入，进而提高渔民的生活水平和质量，带动渔村振兴。

（责任编辑：鲁美妍）

后疫情时代下青岛市康养旅游产业创新发展模式研究*

任文菡　倪　静**

摘　要　康养旅游产业是后疫情时代下青岛市旅游业可持续发展的重要突破口。为了更好地提高青岛市康养旅游产业对整体经济的牵引力，本文首先分析了青岛市康养旅游产业的发展基础以及后疫情时代下该产业发展的优势与不足，系统梳理了国内外康养旅游产业典型案例，深入探讨了海洋经济特色地区发展康养旅游产业的突破口。研究发现：目前，政策扶持和科技支撑方面的优势突出，需求端产品服务和供给端风险抵御表现差。后疫情时代下康养旅游产业主要集中于康复治疗、休闲养生和健体强身需求。以需求端作为开发导向，其供给端融合可以重点关注资源、人力、技术和资本等要素。最后，本文结合供给端和需求端两方面设计了青岛市“海洋 + 康养旅游”的创新发展模式。

关键词　健康中国　康养旅游产业　国家级自然保护区　历史遗产　青岛市

引　言

新冠疫情给各个产业都带来了不同程度的影响。旅游业由于人员流动性大、行业关联度高和产业敏感性高而受到更为沉重的打击。[①] 疫情

---

* 本文为青岛市哲学社会科学规划项目“后疫情时代下青岛市康养旅游产业创新发展模式研究”（QDSKL2201084）的阶段性成果。

** 任文菡，博士，通讯作者，青岛大学商学院教授，主要研究方向：海洋经济管理、海洋经济与绿色发展。倪静，青岛大学商学院硕士研究生，主要研究方向：技术经济与管理、资源环境经济与可持续发展。

① 谷阳、张雪：《后疫情时代中医药健康旅游的发展和对策分析》，《经济师》2021 年第 5 期。

发生以来，国内人员流动基本停滞、全国范围内的景点景区和相关配套设施被紧急叫停，这对于旅游产业来说无疑是雪上加霜。2021 年，中国国内旅游总人次 32.46 亿，同比增长 12.8%；总消费收入为 2.92 万亿元，同比增长 31.0%，整体水平较 2019 年国内旅游人次 60.06 亿、国内消费总收入 5.73 万亿元收缩严重。[①] 在疫情影响下，中国旅游行业经历了一次“大洗牌”。青岛市作为国务院批复确定的沿海重要城市和滨海度假旅游城市，能否凭借自身独特的海洋旅游资源和显著的区位优势，在后疫情时代抓住机遇实现“弯道超车”，是目前青岛市旅游部门需要考虑的关键所在。

漫长的疫情不但加快了旅游产业的升级转型[②]，还引发了国民消费理念的转变[③]。作为集旅游、健康、养生和休闲于一体的新兴产业，康养旅游产业受到越来越多消费者的关注，相应地也掀起了一股康养旅游的热潮。此外，国务院也在《“健康中国 2030”规划纲要》中指出，到 2030 年，中国健康产业将达到 16 万亿元的规模。同时，该纲要还强调，要积极促进健康与养老、旅游、互联网、健身休闲、食品五大方面的融合。因此，可以推测康养旅游产业将是青岛市旅游业增长的重要突破口。

为了更好地提高青岛市康养旅游产业对整体经济的牵引力，需要对后疫情时代下青岛市康养旅游产业的发展模式进行创新。因此，本文在对青岛市康养旅游产业发展基础以及后疫情时代下该产业发展优势与不足进行分析的基础上，借鉴国内外先进地区经验，综合考虑供给端和需求端两方面，依托海洋资源禀赋优势，创新青岛市康养旅游

---

① 《中华人民共和国文化和旅游部 2021 年文化和旅游发展统计公报》，https://www.gov.cn/guoqing/2023-03/17/content_5747149.htm，最后访问日期：2023 年 8 月 23 日。

② 姜红：《“双碳”目标驱动下旅游产业结构升级的技术路径与动力机制》，《旅游学刊》2022 年第 5 期。

③ 陈俐、胡琼文、周静、张军轲、国晓丽：《新冠肺炎疫情背景下数字经济对居民家庭消费的影响探析——基于北京居民的调查》，《时代经贸》2022 年第 9 期。

产业的发展模式。这不但有助于突破后疫情时代下青岛市康养旅游产业可持续发展困境，还能够为其他城市后疫情时代下康养旅游产业转型升级提供借鉴。

一　青岛市康养旅游产业的发展基础

（一）丰富的自然资源和人文资源

青岛为海滨丘陵城市，不但坐拥崂山山脉、大泽山和胶南山群三大山系，而且拥有1.2万平方公里的海域、817公里海岸线和120个海岛。这种复杂的山海地貌给青岛带来了独特且丰富的自然资源，其中共形成3A级及以上旅游景区88处、国家级旅游度假区1处、省级旅游度假区4处、国家级自然保护区1处、省级自然保护区5处。① 根据表1可以看到，以崂山风景区、即墨温泉、金沙滩海域、海上日出等为代表的海洋相关自然资源，是青岛市旅游发展的重要组成部分。此外，作为国家历史文化名城，青岛市不但见证了自古以来道家文化与齐鲁文化的交叉相融，而且保留下来一系列丰富且珍贵的历史遗产，共拥有国家重点文物保护单位18处、省级文物保护单位70处。同时，青岛市是近代以来较早发展的滨海旅游城市，其现代人文资源和活动种类也相对丰富。其中，具有显著海洋地域特色的奥帆中心、红岛赶海园、石老人国家级旅游度假区、薛家岛老尹家海参、金沙滩音乐节、青岛国际海洋节等是青岛市人文资源的重要组成部分。得益于上述独特的海洋资源禀赋，青岛市旅游产业发展条件优越，发展速度迅速，2021年实现旅游总收入1411亿元，占青岛经济总产值的近10%。②

① 郭贵荣：《青岛市非物质文化遗产的分布特征及旅游化利用研究》，《齐鲁师范学院学报》2022年第5期。

② 《2021年青岛市国民经济和社会发展统计公报》，http://qdtj.qingdao.gov.cn/tongjisj/tjsj_tjgb/202204/t20220414_5485242.shtml，最后访问日期：2023年5月15日。

表 1　青岛市自然资源与人文资源分类

自然资源		人文资源	
地文景观	崂山风景区、鲁迅公园、平度大泽山风景名胜区、大珠山风景区、即墨马山国家级自然保护区、小石屋洞、徐福洞、胶州艾山风景区、大涧山、大石屋洞、凤凰岛北山、金沙滩、银沙滩、石雀滩、抓马山、绿岛嘴、道管嘴、灵山岛风景区、黄岛、即墨田横岛旅游度假村、鱼鸣嘴凤凰岛、牛岛、象脖子、连三岛、竹岔岛、象嘴、显浪嘴	遗址遗迹	琅琊台风景名胜区、马濠运河遗址、太清宫、下庵跑马场遗址、海云庵、下庵庙遗址、玄阳观、奥帆中心、宋金海战古战场、湛山寺、明末农民起义军活动遗址、齐长城遗址
水域风光	抓马山神泉、白云寺甘泉、即墨温泉、金沙滩海域、银沙滩海域、唐岛湾海域	建筑与设施	武夷山路、方特梦幻王国、世纪公园、小青岛公园、天主教堂、红岛赶海园、小鱼山公园、石老人国家级旅游度假区、造船厂、世园会、中山公园、长江路、八大关风景区、开发区油港、科技娱乐中心、前湾港、海军博物馆、青岛农业大学昆虫博物馆、海底世界、极地海洋世界、青啤博物馆、行政中心广场、五四广场、中山路传统商业街、台东步行街、劈柴院老字号餐馆街、海云庵民俗小吃街、延安二路青岛婚纱街、李村商业步行街、登州路啤酒文化街、馆陶路德国风情街、闽江路青岛婚纱街、红酒坊、燕儿岛路酒吧街、青岛国际啤酒城、昌乐路青岛文化街、栈桥、莱西产芝湖生态旅游区、马濠运河公园
生物景观	抓马山山林、珠山山林、凤凰岛北山山林、沿海防护林、大涧山山林、上庄茶园、十梅庵梅园、小珠山山林、大涧山山林竹岔岛及其周边海域、青岛森林野生动物园	旅游产品	美达尔烤肉、青岛啤酒、薛家岛老尹家海参、青岛高粱饴、崂山拳头菜、崂山石、崂山绿茶、石花菜凉粉、崂山可乐、黄岛（原胶南）海青茶、胶州大白菜、大黄埠西瓜、胶州湾杂色蛤、郑庄海鲜脂渣、红岛蛤蜊、大泽山葡萄、黄岛（原胶南）西施舌、马家沟芹菜、海滨食品店干海货、胶州里岔黑猪、万香斋熟食、流亭猪蹄

续表

自然资源		人文资源	
天象与气候景观	海上日出、青岛海滨、山林避暑地、海滨避暑地	人文活动	百花苑、海云庵糖球会、胶州秧歌节、金沙滩音乐节、青岛萝卜会、田横祭海节、青岛梅花节、元宵山会、新正民俗文化庙会、青岛国际啤酒节、青岛樱花会、大泽山葡萄节、青岛酒吧文化节、青岛国际海洋节

（二）适宜的气候环境和较高的医疗水平

青岛市地处北温带季风区，属于温带季风气候，加上受到东部、南部海洋环境的影响，全年空气湿润、降水量丰富，冬无严寒、夏无酷暑、温度适宜。《2021 年青岛市生态环境状况公报》显示，青岛市连续两年空气质量达到国家空气质量二级标准，近岸海域优良水质占比达到 99%。适宜的气候和优质的生态环境有助于改善人的脑功能，提高人的抵抗力[①]，因此是发展康养旅游产业的持续动力。此外，截至 2021 年底，青岛市共有医疗卫生机构 8574 家，床位 6.77 万张，其中三甲医院 16 家，50 张床位以上的疗养院 234 所。2022 年 8 月 4 日，青岛市卫生健康委发布《青岛市“十四五”医疗机构设置规划（征求意见稿）》。该规划指出，到 2025 年，青岛市将基本建成功能完善、区域一体、医防协同、中西医并重的医疗卫生服务体系，实现优质医疗卫生资源的提质扩容。医疗服务水平和体系的不断提升与优化能够显著提高青岛市康养旅游产业的专业疗养和服务水平，为青岛市的康养旅游产业发展提供坚实保障。

（三）优越的地理位置和坚实的经济基础

青岛市位于中国华东地区、山东省东南部，东邻黄海，与朝鲜、韩

① 张明洁、张亚杰、张京红、杨静、林绍伍：《海南五指山市的气候特征及其康养资源分析》，《海南大学学报》（自然科学版）2022 年第 2 期。

国和日本三个国家隔海相望。依托优越的地理位置，青岛市不但是黄河流域最大的出海口岸，而且是“一带一路”新亚欧大陆桥经济走廊双节点城市和海上合作战略支点。此外，青岛市拥有5个港口、14个火车站、2个机场。2021年，青岛市铁路、公路、水路共完成客运量5144万人次，航空旅客吞吐量1603万人次。[①] 卓越的交通运输能力使青岛市的区域中心地位越发凸显，城市枢纽地位日益提升。作为山东发展经济龙头城市，2021年青岛市实现地区生产总值14136.46亿元，居全国第13位。[②] 坚实的经济基础为青岛市康养旅游产业的基础建设和服务产品的发展提供了有利的条件。

二　后疫情时代下青岛市康养旅游产业的发展优势与不足

（一）后疫情时代下青岛市康养旅游产业的发展优势

1. 政策扶持

后疫情时代下青岛市发改委等18部门为加快保障全市企业的复工复产，联合印发了《青岛市助企纾困和支持市场主体发展的若干政策措施》，其中不但包含针对所有市场主体的金融、税收等普惠政策，而且涵盖一系列有关旅游产业和康养产业的专项纾困发展政策。从财税政策来看，通过落实国家增值税留抵退税、“六税两费”减征和服务业增值税加计抵减等优惠政策，2022年上半年，青岛市共发放星级酒店及品牌连锁酒店奖励资金2030万元，旅行社纾困资金653万元，退还旅行社质量保证金1895.3万元。[③] 从金融政策来看，无论是普惠型小微贷

---

① 《2021年青岛市国民经济和社会发展统计公报》，http://qdtj.qingdao.gov.cn/tongjisj/tjsj_tjgb/202204/t20220414_5485242.shtml，最后访问日期：2023年5月15日。

② 《2021年青岛市经济运行情况》，http://dpc.qingdao.gov.cn/fzgggz_45/zhc_45/gzdt_45/202204/t20220408_5231631.shtml，最后访问日期：2023年5月20日。

③ 《青岛市文化和旅游局2022年上半年工作总结》，http://www.qingdao.gov.cn/zwgk/xxgk/whly/gkml/ghjh/202207/t20220719_6273845.shtml，最后访问日期：2023年3月25日。

款还是引导融资担保机构开展低费率小微企业融资担保服务，都取得了显著的成效。在文化旅游业纾困扶持政策措施的保障下，青岛市旅游业拉动效应明显。2022 年端午假日三天，青岛市 59 家监测 A 级景区共接待游客 51.98 万人次，其中崂山风景区累计接待游客 10.24 万人次，同比增长 40.27%。[①] 此外，2022 年 1 月，青岛市出台了《关于促进文化产业和旅游业高质量发展的若干措施》。该文件从政策支持对象、支持标准等方面做出详细的规定与说明。因此，得益于青岛市政府政策上的大力扶持，青岛市康养旅游产业的发展优势显著。

2. 科技支撑

新冠疫情对康养旅游产业的传统运营模式造成了较大的冲击。依赖于现场体验的传统康养旅游路径，亟须向“线下 + 线上”融合发展的新模式转型。因此，在后疫情时代，以大数据、物联网等高新科技支撑的模式转型是康养旅游产业持续发展的重中之重。此外，受疫情影响，人们对健康的需求越来越高。因此，突出的医药研发水平对于青岛市康养旅游产品的质量至关重要。对于青岛市来说，依托于中国海洋大学、中国科学院海洋研究所等实力雄厚的科研机构的蓝色硅谷，通过世界一流的海洋科技机构和研发机构的集聚作用，以及海洋高科技人才的创新作用，在海洋生物医药研发和智能化数字化管理平台构建上作用突出，为青岛市康养旅游产业未来数字化和高端化发展提供了坚实的科技支撑。

（二）后疫情时代下青岛市康养旅游产业的发展不足

1. 需求端消费结构变化显著，产品服务欠佳

疫情发生以来，人员流动受限导致需求端整体消费意愿下降，消费结构较疫情前发生显著改变，市场规模骤减。《2021 年旅游经济运行分

---

① 《2022“端午”假期青岛市文化和旅游市场稳定回暖》，http://www.qingdao.gov.cn./zwgk/xxgk/whly/gkml/gzxx/202207/t20220712_6254156.shtml，最后访问日期：2023 年 5 月 25 日。

析与2022年发展预测》（中国旅游经济蓝皮书No.14）指出，受局地多点散发疫情影响，游客的旅游需求意愿收缩，2021年全年旅游产业经济处于“弱景气”阶段。2019年，青岛市旅游总收入为2005.6亿元，2020年旅游总收入为1019.3亿元，整体下降49.2%。2021年，青岛市全年旅游总收入约为1411亿元，较上年增长37.4%。2021年，青岛市旅游产业消费总量虽较上年有所好转，但相对于疫情前消费总量仍明显下降。一部分原因是消费者出于安全防疫的考量，短期出行意愿有所改变。2020年中国旅游研究院专项调查显示，71.5%的消费者表示在外出旅游的选择上更倾向于疫情结束后稳定一段时间再外出，而20.7%的消费者表示疫情结束后会尽快外出旅游。可以看到，无论消费者的选择如何，他们即时的消费意愿出现明显下降。另一部分原因是受疫情防控政策的影响，游客出入境受限。游客出入境受限往往影响高端消费者的消费活动，对于他们来说，产品质量是影响消费的重要因素。由于青岛市现有旅游相关产品单一且质量欠佳，此类高端消费需求在一定程度上尚未得到满足。还有一部分原因是外出防疫政策和目的地隔离管控政策越来越多地影响消费者的康养旅游消费选择。青岛市在康养旅游产业上的公共卫生服务构建相对不完善，对于突发疫情的应对和保障措施欠佳，因此造成这部分消费者流失。

2. 供给端经营动荡，风险抵御能力较差

疫情对依赖线下体验的旅游业冲击较严重，很多中小型企业由于抵挡不住这种断崖式的收入下跌而出现资金链断裂的情况。这种经营上的困难所导致的风险抵御能力下降，对青岛市康养旅游产业的产品设计、运营模式和管理服务提出了更高的要求。从产品设计来看，青岛市康养旅游产品与其他滨海康养旅游目的地产品同质化严重，没有充分对青岛市独特的自然资源和各种医疗康养优势进行开发，在市场竞争中缺乏优势。此外，受疫情影响，消费者消费需求发生变化，对康养旅游产品的种类与质量也提出更高的要求。然而，青岛市康养旅游产业供给端应对迟缓，尚未对康养旅游市场上新增的需求端变化做出产品提升方面的应对。这直接影响了青岛市康养旅游产业的可持续经营与发展。从运营模式来看，青岛市康养旅游产业整体发展水平较低，康养产业与旅游产业融合过程中的协调性不足，只注重基础设施的建设，缺乏对运营模式的创新，难以实现两产业间各资源的有效整合。其中，受疫情影响，线下体验的消费需求被遏制，基于数字化的康养旅游运营新模式将是后疫情时代下的创新突破口。只有加速青岛市康养旅游产业数字化、智能化转型，才能获得稳定高质量的收益，实现产业优化升级。从管理服务来看，青岛市康养旅游产业相关企业业务收缩，经营受阻，人员流失严重。专业人才的损失对康养旅游产业标准化以及专业化的管理服务建设造成不利影响。现有产业标准规范不成熟，尚未形成完善的业务承接标准与制度，影响企业业态升级和高质量发展进程。

总体来说，青岛市不但拥有独特的海洋资源禀赋，还具备较高的医疗水平、优越的地理位置和坚实的经济基础，因此在康养旅游产业发展过程中具备良好的发展基础。此外，受益于政策扶持力度的强劲和蓝色硅谷带来的科技支撑，青岛市康养旅游产业在后疫情时代下具有一定的发展优势。然而，从整体来看，后疫情时代下青岛市康养旅游产业在应对需求端变化所产生的新产品服务需求上供应与创新不足；此外，在供给端运营模式和管理服务上，也缺乏必要的调整与优化，难以形成稳固的新情境下的风险抵御能力。

三　国内外康养旅游产业典型案例分析

本文根据青岛市康养旅游产业现状分析，选取与青岛市资源禀赋相近的国内外康养旅游产业典型案例进行对比分析，为青岛市康养旅游产业后续发展过程中的升级与转型提供借鉴。其中，国内外康养旅游产业典型案例基本概况见表2。

表2　国内外康养旅游产业典型案例基本概况

维度	墨西哥坎昆滨海养生城	湛江鼎龙湾国际海洋康养度假区
位置	位于加勒比海北部，墨西哥尤卡坦半岛东北端，是一个长21千米、宽仅400米的狭长小岛。整个岛呈蛇形，西北端和西南端有大桥与尤卡坦半岛相连。隔尤卡坦海峡与古巴岛遥遥相对	位于广东省湛江市，东濒南海，西临北部湾，与海南岛隔海相望，海岸线长达2325.9千米
气候	地处热带，属亚热带气候，常年平均气温为27.5°C，每年仅有雨、旱两个季节	地处低纬地区，属热带北缘季风气候，冬无严寒，夏无酷暑，常年平均气温在22.7~23.5°C
开发模式	以玛雅文化为载体，丰富与提升康养旅游产品独一无二的竞争力，从而实现“古老文明”与“康养旅游”有机结合	以海洋康养为载体，开发出“文化传承、生态环保、乡村振兴”三重价值体系的海洋特色康养旅游产品，实现了“海洋”与“康养旅游”的有机融合
配套服务	会议展览设施、五星级酒店群、现代商业中心、500多家餐馆、酒吧、舞厅、高尔夫球场	德萨斯水世界主题公园、海洋王国主题公园、海田温泉、五星级酒店群、环球特色小镇、滨海高尔夫、情人沙滩风情街和渔港码头美食街
产品设计	气候养生、水疗养生、运动养生、静心养生、文化体验康养	水上娱乐、阳光沙滩、湿地海洋公园观光、特色海田温泉、野生动物观光、景区游览、飘色、花桥、南派粤剧等粤西传统非遗文化项目体验，以及海上天籁花园、神祇庙宇、海客花街等禅修静养体验
产业延伸体系	会议展览业、文化产业、体育产业	海洋产业、文化产业

（一）墨西哥坎昆滨海养生城

坎昆是一个位于墨西哥尤卡坦半岛东北端的蛇形小岛，既有外海环绕又坐拥内环水域，具备优质的滨海旅游资源。此外，坎昆地处热带，属于亚热带气候，常年平均气温在27.5°C，具备康养旅游必需的适宜气候条件。该地区的康养旅游产业的开发模式主要以当地最为鲜明的文化符号“玛雅文化”为载体，通过舒适齐全的配套服务，丰富康养旅游产品设计，在多样化的产业链延伸体系支持下实现了“古老文明”

与“康养旅游”的有机结合。

1. 供给优势

从坎昆滨海养生城的供给端来看，该项目的供给优势主要包括三方面。

（1）高质量的配套服务。由希尔顿、万豪等国际知名酒店组成的五星级酒店群，能够提供高质量的康养旅游服务，从而满足国际高消费游客的消费需求。与此同时，各个酒店所配备的高尔夫球场与自然风光的有机结合，提升了康养旅游产品的品质，是坎昆吸引康养旅游消费者重要的旅游设施。主题餐饮、会议中心、酒吧、儿童乐园、水上运动俱乐部等设施的建设，则全面保障了各个年龄段群体的消费需求。

（2）丰富的康养旅游产品设计。依托卓越的3S（阳光、沙滩、海洋）优势，以日光浴、海洋温泉SPA、潜水、沙滩排球、海钓等气候养生、水疗养生、运动养生、精心养生为主的康养产品受到广大游客的喜爱。此外，在“玛雅文化”的支撑下，以文化体验为主的内在精神康养产品广受追捧。

（3）多产业融合与延伸体系。高标准的会议展览设施使坎昆具备承办大型且具影响力的国际会议和博览会的良好条件。国际组织与跨国企业大型会议的召开，有利于坎昆实现会议展览业与康养旅游业嫁接，促使康养旅游淡季向旺季的转换。此外，“玛雅世界”旅游规划的制定，为坎昆康养旅游业与文化产业的结合提供了强有力的动力支撑。发掘和整合玛雅文化资源与风土民情，能够丰富康养旅游产品的文化康养属性，从而为康养旅游消费者提供回归自然、内在调理、身心平衡的独特产品选择。以高尔夫为主的体育产业也为坎昆康养旅游产业注入了鲜活力量，全方位的休闲运动体验满足了康养旅游产业消费群体的多元化、多层次和多形态的消费需求。

2. 需求特征

从坎昆滨海养生城的需求端来看，前往该地的游客的需求特征主要体现在两个方面。

（1）滨海养生需求。国际游客对康养旅游的需求往往集中于气候环境适宜和独特风光疗养需求，而坎昆滨海养生城中的阳光沙滩和海洋资源能够完美地契合他们的康养旅游需求。这类游客可以通过舒适的海洋温泉、营养的海产药膳等体验，在旅游的过程中改善自身的新陈代谢，达到滋补身体、美容养颜的目的。

（2）心灵静修需求。以“玛雅文化”为支撑的康养旅游项目吸引世界各地精英阶层来此进行心灵静修。这类游客一般消费水平较高、消费能力较强，康养旅游需求往往倾向于精神层面。这种特点使游客在康养旅游产品的选择中，倾向于追求自身心情上的放松和精神上的养护。

（二）湛江鼎龙湾国际海洋康养度假区

鼎龙湾国际海洋康养度假区位于广东省湛江市，东濒南海，西临北部湾，与海南岛隔海相望，海岸线长达 2325.9 千米，地理位置优越，风光独特秀丽。此外，该度假区地处低纬地区，属热带北缘季风气候，冬无严寒，夏无酷暑，常年平均气温在 22.7～23.5°C。该项目康养旅游产业的开发模式主要以海洋康养为载体，涵盖海洋旅游、滨海旅居、健康养生、非遗文化、异域风情等多个领域，开发出“文化传承、生态环保、乡村振兴”三重价值体系的海洋特色康养旅游产品，实现了“海洋”与“康养旅游”的有机融合。

1. 供给优势

从鼎龙湾国际海洋康养度假区的供给端来看，该项目的供给优势主要包括三个方面。

（1）具有海洋特色的配套服务。德萨斯水世界主题公园、海洋王国主题公园、海田温泉等基于海洋特色的设施，为该项目游客提供了前所未有的娱乐、观光和康养体验。此外，由 15 家国际品牌组建而成的五星级酒店群、环球特色小镇、滨海高尔夫、情人沙滩风情街和渔港码头美食街等，为该项目游客保障了高质量和高标准的度假体验。

（2）独特的产品设计。该项目的产品设计不但包括水上娱乐、阳光沙滩、湿地海洋公园观光、特色海田温泉等海洋特色项目的康养旅游产品，而且涵盖全开放的野生动物观光、景区游览等自然风光特色的康养旅游产品。此外，飘色、花桥、南派粤剧等粤西传统非遗文化项目体验，以及海上天籁花园、神祇庙宇、海客花街等禅修静养体验，也融入该项目的康养旅游产品的设计之中。

（3）创造性的产业延伸体系。依托优良的生态环境与条件，康养旅游产业创造性地将海洋产业、文化产业与康养旅游产业相融合，将非遗文化体验、海洋温泉疗养融入康养旅游产业，不但有利于休闲养生，而且便于慢性病、亚健康等身体问题的多样化、个性化调理。

2. 需求特征

从鼎龙湾国际海洋康养度假区的需求端来看，前往该地的游客的需求特征主要体现在两个方面。

（1）滨海养生需求。部分消费者出于对“海田温泉”理疗、膳食等的养生需求，选择该项目进行康养旅游活动。此类游客注重海田温泉服务的体验，想要通过以温泉为载体的休闲疗养活动治疗自身的慢性疾病，调理内外身体平衡，缓解亚健康症状。

（2）文化滋养需求。该项目非物质文化遗产和海洋科普课堂等文化相关体验，为游客提供了一个舒适的文化滋养目的地。有这类需求的游客更为注重精神上的休闲养护，丰富多样的文化体验能够提高他们在康养旅游项目中的满意度。

四 后疫情时代下青岛市康养旅游产业创新发展模式

（一）需求端驱动

后疫情时代下青岛市康养旅游产业的发展模式需要从需求端出发，

根据需求端的需求变化，把握后疫情时代的需求特征，从而为发展模式的创新提供正确的指引。具体来说，后疫情时代下的需求端特征呈现以下三个特点。

1. 康复治疗需求

对于康养旅游产业的需求端游客来说，在旅游目的地对自身疾病进行一定程度的康复治疗是最为基础的需求，特别是随着人们对生活水平和生活质量的要求越来越高、对自身健康越来越重视，越来越需要高质量定制化的康复治疗型康养旅游产品。[①] 在这种需求的牵引下，康养旅游目的地供给端可以结合当地独特的医药基础来应对这种需求变化。青岛市依靠良好的海洋资源禀赋和坚实的经济科技基础，在发展海洋医药方面上成效显著：青岛市海洋医药不但能够实现对人类疑难疾病的治疗，而且在促进人类生命健康中的保健和养护方面作用显著。因此，未来青岛市康养旅游产业供给端可以提供以海洋医药为特色的新型康养旅游产品，从而在满足需求端变化的同时，提高青岛市康养旅游产品的竞争力。

2. 休闲养生需求

在后疫情时代，长期被积压的休闲养生需求被激发，以温泉为核心的新型高端康养旅游产品也需要相应增加。温泉作为包含休闲娱乐属性和康疗养生属性的产品，不但有助于健康人群放松身心、消除疲劳，而且对于皮肤病患者来说可以通过温泉补充水分、软化皮肤，达到一定的治疗作用。此外，对于亚健康人群来说，温泉还能够通过促进新陈代谢调理身体亚健康问题。[②] 然而，青岛市现有康养旅游产品仅依托于季节气候要求较高的滨海观光等单一产业，不但质量较低，而且缺乏竞争力，很容易造成青岛市康养旅游产业淡旺季消费失衡。青岛即墨拥有亚

① 杨菊华、刘轶锋、王苏苏：《人口老龄化的经济社会后果——基于多层面与多维度视角的分析》，《中国农业大学学报》（社会科学版）2020 年第 1 期。

② 王维靖、林宗贤、黄力远：《温泉游客重游意愿理论模型的评估研究——保护动机理论的视角》，《旅游学刊》2021 年第 6 期。

洲一流的海洋温泉，富含氟、溴、锶等30多种微量元素。因此，如果能将青岛市既有的即墨海洋温泉产品融入康养旅游产品设计中，将大大提升青岛市康养旅游产品的质量。

3. 健体强身需求

疫情激发了大众的健身意识，人们强身健体的需求也相应提升。基于此，在康养旅游产品的设计中应适当增加体育相关的体验项目，使人们进行休闲娱乐活动时适当进行独特的水上户外运动体验，不但有利于增强人体体质，还可以改善内在肌肉骨骼。[①] 例如，冲浪等水上活动可以通过水的浮力来缓解身体关节压力，非常有助于游客受损部位的功能恢复。又如，帆船运动能够提高人的最大摄氧量，帮助人体有效地改善心肺功能。可以看到，相较于陆上运动，这些依托于海洋的水上运动更能够增强人体体魄，强健人体体质。青岛市石老人海水浴场作为北方的优质浪点，是发展冲浪与康养旅游结合的绝佳场所。此外，早在2008年，青岛市就承担起奥运会帆船赛和残奥会的举办任务。而将帆船运动作为康养旅游产品升级的重要体验，也能够进一步加快青岛市“帆船之都”品牌的建设。因此，可以充分发挥青岛市海洋户外运动先天优势，丰富康养旅游产品种类与结构。

（二）供给端整合

在后疫情时代，青岛市康养旅游产业的发展模式需要供给端整合升级，以需求端作为开发导向，通过各产业之间的融合和要素上的优化升级保障后疫情时代下需求导向的产品设计，从而为发展模式的创新提供持续的动力。具体来说，后疫情时代下康养旅游产业供给端的整合可以从以下四个方面进行。

---

① 陈凡粤：《运动休闲的多重属性及其产业化发展路径研究》，《广州体育学院学报》2021年第5期。

1. 资源要素

以产业服务平台为基础，加快各产业配套设施的联动。在康养旅游产业供给端与其他产业融合过程中，应当注重各产业配套设施之间的联动。以往，青岛市康养旅游产业配套设施缺乏与其他产业联系的接口，难以在产品开发、推广与服务阶段有效实现供应链之间的协同配合。因此，在后疫情时代，青岛市康养旅游产业想要实现各产业之间资源的深度融合，需要建立健全产业服务平台，以平台经济为纽带，加快各产业之间的联动与融合。

2. 人力要素

培育多方面复合型人才，提高康养旅游产业服务质量。服务是康养旅游产品的灵魂。在后疫情时代，青岛市各产业之间的融合会更加深入。因此，不但需要对员工进行康养旅游专业技能的培育，而且需要培育员工其他复合型多样化技能，从而使其掌握必要的创新产品服务知识，优化产品体验流程，为青岛市康养旅游产业的提质扩容建立人才优势。

3. 技术要素

扩大数字化与智能化在康养产业中的应用范围，推动产业之间的升级迭代。后疫情时代下，网络技术在各行业都得到广泛的应用，提升了行业之间的智慧化和数字化水平。对于青岛市康养旅游产业来说，数字化与智能化的植入可以帮助供给端更好地追踪需求端变化，精准推出能够匹配需求特征的产品服务，提高与其他产业融合过程中的精准度与智能化水平，从而进一步推动产业之间的升级迭代。

4. 资本要素

积极对接扶持政策，有效利用金融杠杆对产业的稳定作用。良好的制度供给环境给后疫情时代下青岛市康养旅游产业发展注入一针“稳定剂”。特别是青岛市针对旅游产业的专项扶持政策和针对所有主体的普惠政策，在一定程度上优化了青岛市康养旅游产业与其他产业融合过程中的发展环境。其中，如何积极对接相关政策，用好用足各项税费减免、金融支持等相关内容，关乎青岛市康养旅游产业能否在后疫情时代下快速恢复和稳定发展。因此，要重视政策文件中的金融杠杆作用，保障各产业融合过程中的高质量发展。

（三）发展模式创新

从总体上看，青岛市康养旅游产业升级与转型需要立足自身海洋资源禀赋，把握后疫情时代下政策支持和科技支撑所带来的发展优势，借鉴墨西哥坎昆滨海养生城和广东湛江鼎龙湾国际海洋康养度假区的先进经验，从需求端驱动和供给端整合两个方面弥补现有不足，发展以海洋为特色的创新发展模式。其中，创新发展模式主要包括“海洋医药 + 康养旅游”“海洋温泉 + 康养旅游”“海洋运动 + 康养旅游”三种。这三种发展模式主要通过康养旅游产业与海洋医药、温泉和体育产业的有机融合以及多样化的产品设计来实现。具体发展模式分析如下。

1. “海洋医药 + 康养旅游”发展模式

“海洋医药 + 康养旅游”是青岛市康养旅游产业发展模式创新的重要途径，其核心是通过供给端康养旅游产业与医药产业的无缝化嵌合，创造性地为需求端提供康复治疗型康养旅游产品。首先，从产业融合的角度来看，青岛市医药产业应当加快产、学、研的深度融合，提高海洋医药在临床医学上的治疗水平和治疗效果，从而为康养旅游产业的发展提供坚实的医药医疗保障；而康养旅游产业则应当深入思考“海洋医药”在产业链中的嵌入位置，积极开发衔接“海洋医药”与康养旅游产业的智能网络服务平台，促进产业间配套设施的有效整合。其次，从产品设计的角度来看，可以在传统康养旅游产品服务中增加海洋医药保健环节，通过功能性和保健性海洋产品的膳食疗养功效调理人体机能，如海洋鱼类、贝类和藻类富含蛋白质、DHA、多糖类等多种元素，不但能够健脑益智，还可以有效地预防心脑血管疾病；此外，还可以尝试将海洋医疗纳入康养旅游路线，使患者在享受滨海风光、舒缓身心的同时，接受定制化的健康体检、海洋医药癌症治疗等服务，从而有助于疑难疾病的治疗与恢复。

2. “海洋温泉+康养旅游”发展模式

“海洋温泉+康养旅游”是青岛市康养旅游产业发展模式创新高端化的主要内容，其核心是通过海洋温泉相关产业与康养旅游产业之间的有机整合，提供以海洋温泉为特色的休闲养生型康养旅游产品。首先，从产业融合的角度来看，青岛市温泉产业应当加强对海洋温泉核心产品和附加产品的丰富度建设，积极引进国外先进的医疗温泉项目与服务，树立青岛市海洋温泉特色品牌，从而为康养旅游产业的延伸提供高质量和高端化的选择；而康养旅游产业应当围绕海洋温泉这一定位，对周边区域进行开发建设，打造配套服务完善且基础设施健全的康养旅游胜地。其次，从产品设计的角度来看，可以开发以海洋温泉为核心的疗养观光路线，基于游客需求，通过融合中西方水疗文化发展细分化的温泉疗养活动，如青岛啤酒浴、美颜红酒浴、花草茶浴、柠檬马鞭草浴、暖身生姜浴等；还可以在单一温泉疗养产品的基础上发展海洋温泉历史与文化展示活动，并将其融入康养旅游产品路线之中，丰富产品结构，增强产品文化属性，让游客在疗养观光的旅程中在休闲放松的同时得到精神上的文化滋养。

3. “海洋运动+康养旅游”发展模式

“海洋运动+康养旅游”是青岛市康养旅游产业发展模式创新的关键一步，其核心在于康养旅游产业与体育产业的深度融合，积极开发以海洋户外运动为核心的健体强身型康养旅游产品。首先，从产业融合的角度来看，青岛市体育产业应当以体育赛事承办为重点，扩大体育产业在区域范围内的影响力，引领体育产业一体化持续发展，进而为青岛市康养旅游产业提供新的消费增长极；而康养旅游产业应积极应对产业升级过程中的消费升级需求，不断加快体育产业与自身产业链之间的价值共创和深度融合，推动青岛市康养旅游产业与海洋运动消费需求的精准匹配。其次，从产品设计的角度来说，可以在康养旅游产品设计中增加以冲浪、帆船、潜水等为主的水上运动，通过多样的海上健身活动使游客在近距离享受海洋风光的同时，满足放松身心、健体强身的需求。此外，还可以通过海洋运动赛事的承办，吸引体育爱好者，通过独特的路线设计和产品创新引导这部分群体的康养旅游需求。

（责任编辑：王圣）

青岛打造引领型现代海洋城市：现实基础与路径探索*

赵玉杰**

摘　要　重要海洋城市作为发展海洋经济的排头兵和主力军，已成为建设海洋强国的重要空间载体和战略路径。青岛市提出打造引领型现代海洋城市的意义重大。本文从海洋资源配置功能、海洋经济增长能力、海洋科技创新策源能力、海洋生态示范效应等方面考察，发现青岛市已经具备高水平建设国际现代海洋城市、打造海洋城市标杆的现实基础。为此，青岛市应立足城市自身资源禀赋和发展优势，针对发展短板，突出引领型导向，以构建现代海洋产业体系为重点，探索建设引领型现代海洋城市创新路径。

关键词　引领型　现代海洋城市　海洋中心城市　海洋经济　青岛

引　言

海洋在经济发展中的战略地位不断提升，已经成为抢占全球发展制高点的竞技场和进行战略博弈的最前沿。据《海洋经济2030》预测，到2030年，全球海洋经济增加值将超过3万亿美元（以2010年不变价格计算），保持其占全球经济增加值总额2.5%的份额不变。① 党的十八大、十九大以来，国家高度重视海洋，做出海洋强国战略的重要部署。《全国海洋经济发展“十三五”规划》提出“推进深圳、上海等城市建

* 本文受青岛统一战线智库课题“青岛打造引领型现代海洋城市研究”（QDTZZK2022109）资助。

** 赵玉杰，博士，山东社会科学院海洋经济文化研究院副研究员，主要研究方向：海洋经济与政策。

① 经济合作与发展组织：《海洋经济2030》，海洋出版社，2020。

设全球海洋中心城市”，这意味着把重要海洋城市作为发展海洋经济的排头兵和主力军，将成为建设海洋强国的重要举措。此后，上海、深圳、天津、青岛、宁波、大连、舟山等海洋城市纷纷将跻身全球海洋中心城市行列作为“十四五”期间的重要战略目标，“海洋竞速”新征程全面开启。

为了在竞争中争进抢先、放大优势错位突破，青岛市政府出台《青岛市“十四五”海洋经济发展规划》，将打造引领型现代海洋城市、加快建设全球海洋中心城市作为海洋城市的发展方向。2022年4月，青岛市政府发布《关于加快打造引领型现代海洋城市助力海洋强国建设的意见》，进一步细化加快建设引领型现代海洋城市的战略措施。打造引领型现代海洋城市是深入贯彻国家海洋强国战略、积极推进山东海洋强省建设的重要一环，是青岛市进一步放大海洋优势、锻造发展长板、加快建设全球海洋中心城市的必然选择，具有重大战略意义。

一　青岛打造引领型现代海洋城市的现实基础

青岛依海而生，海洋是青岛最鲜明的特色优势，是高质量发展的重要战略要地。从发展基础来看，青岛已在建设引领型现代海洋城市方面取得重要成绩。2022年，东亚海洋合作平台青岛论坛发布了首份以现代海洋城市为主题的研究报告——《现代海洋城市研究报告（2021）》[①]，通过建立“现代海洋城市评价体系”，对全球40个主要海洋城市进行评估。其中，中国上海、香港进入全球第一梯队，青岛则与深圳、广州一并进入第二梯队。这充分显示出青岛具备高水平发展国际现代海洋城市的基础优势，拥有打造海洋城市标杆的重要潜力，突出表现如下。

① 《〈现代海洋城市研究报告（2021）〉发布：上海、香港领跑亚太海洋经济圈》，《21世纪经济报道》2022年6月23日，第2版。

（一）海洋资源配置功能不断增强

根据交通运输部数据，2021年，青岛港完成货物吞吐量6.3亿吨，集装箱吞吐量2371万标准箱，均列全国第五位，是国内重要的航运枢纽中心。同时，青岛港面对全球疫情冲击，重点布局“一带一路”RCEP航线和北美特快专线，加快智慧港口建设，不断提升科技对港口效率的支撑能力，努力建设以国际领先的智慧绿色港、物流枢纽港、产城融合港、金融贸易港、邮轮文旅港为载体的东北亚国际航运枢纽中心。《国际航运枢纽竞争力指数——东北亚报告（2021）》显示，在东北亚港口中，青岛港、釜山港和天津港处于领先梯队，青岛港竞争力居东北亚地区港口之首。[①]

（二）海洋经济保持较快增长

2012年以来，青岛海洋经济年均增速保持在15%以上，海洋经济规模持续扩大。2021年，青岛实现海洋生产总值4684.84亿元，在全国范围内仅次于上海、天津；海洋生产总值占地区生产总值的比重达30%以上，引领趋势凸显。重点海洋产业实现较大增长，其中，海洋交通运输业增长约26%，海洋船舶、海洋工程装备制造业增幅超过18%，以海洋设备制造、海洋材料制造等为主的海洋相关产业增幅达到23%。[②] 海洋新兴产业发展加速。尤其是深远海养殖领域取得重大突破，深远海规模化养殖虹鳟、低纬度养殖大西洋鲑均获成功，有效推动了海洋渔业由“近海”走向“深蓝”。

（三）海洋科技创新策源能力不断强化

青岛海洋科技资源集聚优势显著，汇聚了全国30%的涉海院士、

---

① 《2021年山东港口青岛港吞吐量，全国第五！》，https://www.sohu.com/a/517983624_121032841，最后访问日期：2022年1月21日。

② 《打造“五个中心”，建设引领型现代海洋城市》，《青岛日报》2022年4月13日，第3版。

40%的涉海高端研发平台，拥有50%的国际涉海领跑技术。2012年以来，以“科学”号、“东方红3”号、“海洋地质九号”、“蓝海101”号、“深海一号”为代表的先进科考船均在青岛入列。目前，大洋勘探装备体系已形成以“蛟龙”“海龙”“潜龙”为代表的“三龙聚首”格局。青岛深远海科学考察队已达全球最大规模，并具备辐射全国进行综合性海洋科考的能力。在某些领域，“卡脖子”技术取得突破性进展。“国信1号”在青岛顺利交付运营，实现中国在深远海大型养殖工船领域零的突破。

（四）海洋生态示范效应进一步放大

自2015年获批为“国家级海洋生态文明建设示范区”，青岛市深入实施“蓝色海湾”整治行动，不断创新，积极探索，在建设海洋生态文明示范区方面积累了丰富的经验，尤其是在示范区规划实施、制度机制创新和科技支撑等方面起到全国示范引领作用。目前，青岛拥有18处国家级海洋牧场，其数量列全国第三①，在全国范围的海洋生态示范引领效应进一步提升。灵山岛于2021年成为全国首个“负碳海岛”，又于2022年入选全国首批美丽海湾，并位列优秀案例第一名。

二　青岛建设引领型现代海洋城市的机遇与挑战

（一）重大机遇

从世界发展范围来看，随着围绕海洋资源开发、海洋科技创新、海洋权益保护等的综合竞争日益激烈，沿海城市在全球经济贸易竞争与国际秩序演变中发挥的作用更加重要，建设全球海洋中心城市成为世界各国参与国际竞争、掌握话语权的重要战略目标。欧美地区海洋经济发

---

① 《青岛：蓝色引领 当好海洋排头兵》，https://cj.sina.com.cn/articles/view/6824573189/196c6b90502001hsw2，最后访问日期：2022年9月20日。

达，已经形成伦敦、纽约、奥斯陆等众多海洋名城；亚太地区随着世界海洋经济中心东移发展非常迅速，新加坡、东京均已达到世界顶尖水准。这些发展较为成熟的现代海洋城市的发展模式与路径各具特色，大致可以分为以下 4 种类型。

1. 经贸主导型

该类型的海洋城市多为世界级经济与贸易中心，科技、资本和人才高度集聚，以拥有发达的高端服务业为主要优势，科技与产业高度融合，持续保持海洋产业活力，占据全球海洋经济主导地位。比如，伦敦海事仲裁业务占全球的 80%，海事保险业务占全球的 62%，船舶经纪服务占全球的 40%，船舶融资业务占全球的 10%[①]，海事服务优势十分明显。

2. 专业特色型

此类海洋城市海洋旅游业发达，并且在某一专业领域具有全球影响力，标识性强。例如，哥本哈根为世界气候大会等国际性会议的承办地；斯德哥尔摩是诺贝尔奖颁奖典礼的举行城市；雅典则作为现代奥运会起源地多次举办奥运会；休斯敦是世界最大的临床研究和治疗机构的集中地和约翰逊航天中心所在地；奥斯陆则是 1952 年冬季奥运会的主办城市，更是诺贝尔和平奖的颁奖地等。[②]

3. 科技主导型

此类海洋城市具有较强科技创新策源功能，尤其突出的是在某一产业领域具有科技创新主导地位。科技创新驱动产业趋向高精尖方向发展。比如，美国休斯敦的海工装备、德国汉堡的海洋新能源、西班牙马德里的海洋生物医药，以及法国布雷斯特的深海观测和勘探等产业均呈现领域细分、差异发展特征。[③]

---

① 崔翀、古海波等：《“全球海洋中心城市”的内涵、目标和发展策略研究——以深圳为例》，《城市发展研究》2022 年第 1 期。

② 《竞逐现代海洋城市，如何争先进位?》，《中国自然资源报》2022 年 6 月 30 日，第 5 版。

③ 崔翀、古海波等：《“全球海洋中心城市”的内涵、目标和发展策略研究——以深圳为例》，《城市发展研究》2022 年第 1 期。

4. 新一代综合型

此类海洋城市主要是亚太地区后起的海洋城市之秀。依托发达的港航物流，具有船舶海工装备产业优势，金融、法律等高端服务业相对发达，海洋产业和海洋科技全面发展，具有较强的综合实力。新加坡最具典型性，中国上海也属于此类型。

从国内发展来看，除上海、深圳获得国家支持建设全球海洋中心城市外，天津、舟山、厦门、连云港、南通等城市也积极谋划新的城市发展格局，加快推进现代海洋城市建设。综合来看，构建现代海洋产业体系、增强海洋科技创新能力是各城市建设现代海洋城市的战略重点，推进海洋生态环境治理和提升海洋经济对外开放水平是实现战略重点的保障支撑。

国内外主要海洋城市基于自身发展特色优势，提升城市能级、扩大全球影响力的“赶潮”发展态势，为青岛市建设引领型现代海洋城市提供了经验借鉴和路径参考，是青岛市重要的发展机遇。

（二）巨大挑战

面对激烈的竞争态势，如何找准短板，基于自身优势禀赋和资源条件错位发展，强化海洋功能和特色，在众多城市中脱颖而出，发挥区域引领示范作用，更是巨大的挑战。综合来看，青岛市建设引领型现代海洋城市的短板主要表现在以下五个方面。

1. 海洋资源配置能力有待提升

青岛港口航运业加速向绿色化、智慧化转型。与此同时，海洋金融、法律、保险等海事服务仍然不够完善，航运供应链金融服务、业务咨询服务等高端服务业严重滞后于港口物流业的发展，致使青岛市全球海洋资源配置能力不强。

2. 现代海洋产业体系需进一步完善

在产业结构中，滨海旅游业、海洋装备制造业、海洋交通运输业、涉海产品及材料制造业、海洋渔业和水产品加工业等传统海洋产业占海洋生产总值的比重超过70%；而海洋生物医药、海洋电力、海水综合利用等新兴产业增加值占比不到3%[①]，规模偏小，战略性新兴产业对海洋经济的拉动效应有限。

3. 海洋科技创新驱动效应不够突出

海洋科技基础研究优势突出，但是市场导向不足，科技成果转换率偏低；海洋科技服务业规模优势不突出，作为高端服务业，与海洋先进制造业的融合度偏低。比如，与海洋装备、海洋仪器仪表、海洋生物、海洋环保等先进制造业相关的高端科技服务企业规模较小、数量不多，导致海洋先进制造业被锁定在价值链中低端，对创意孵化、研发设计、售后服务等价值链两端发展不足，对海洋经济的拉动效应有限。

4. 空间统筹协同能力有待增强

世界上较为成熟的现代海洋城市的发展，不仅需要依托城市自身优势带动湾区和区域发展，更得益于沿海城市群整体能级提升和区域一体化水平提高。而青岛的区域空间统筹协同能力有待增强，各沿海区（市）、各功能区在海洋战略及配套政策中存在无序竞争，大大削弱了区域整体竞争力。

5. 海洋生态环境治理需进一步规范化、高效化

随着对西海岸新区、蓝色硅谷、红岛经济区的开发，青岛全部海岸均被纳入城市开发范围，城市建设与海洋生态环境保护的冲突更加尖锐，多方权利主体、多方利益、多种思维与诉求相互交织，产生层层矛盾，需要进一步推进海洋环境治理现代化，为实现海陆港城的一体化提供保障支撑。

---

① 李大海、翟璐、刘康等：《以海洋新旧动能转换推动海洋经济高质量发展研究——以山东省青岛市为例》，《海洋经济》2018年第3期。

三　青岛打造引领型现代海洋城市的实现路径

本文借鉴国内外海洋城市发展经验，立足城市自身资源禀赋和发展优势，针对发展短板，突出引领型导向，以构建现代海洋产业体系为重点，谋划建设引领型现代海洋城市突破性路径如下。

（一）增强海洋科技创新引领效应，助力海洋产业高端化

加快建设国际海洋科技创新中心，以市场为导向突出海洋科技创新的引领功能，将海洋科技创新能力提升与现代海洋产业体系构建有机结合，是青岛市建设引领型现代海洋城市的关键内容。一方面，积极发展核心技术，推动产业链升级，赋能海洋渔业、海洋交通运输业等传统产业转型升级；另一方面，加速海工装备、海洋生物医药及海水利用等新兴产业壮大突破，形成具有较强国际竞争力的高端海洋产业体系。现代海洋产业的发展离不开对核心技术的掌控与突破，加大人才与科创的投入，提升海洋产业核心技术的国产自有率，推动产品与服务的品质升级，同时引导现有海洋产业的相关企业向价值链的中高端发展，实现产业链提升、价值链增值。目前，深圳以全力打造海洋科技中心为基础，不断引进海洋高等院校，加大海洋人才和科研经费投入，通过整合海洋科技资源、加快科研成果转化，增强海洋科技创新能力，不断释放对深圳经济发展的引领作用。

（二）积极培育智慧型海洋产业集群，打造开放型产业生态

找准定位，集中资源，精准发力，形成特色优势策略。加快建设世界一流港口，以智能化、集成化为方向，积极引导和培育海洋战略性新兴产业和航运服务等海洋高端服务业，促进关联产业集聚，以优质港口设施、发达物流航运体系为支撑，布局以海洋工程装备为核心的智慧型

海洋产业集群是产港城融合、激发青岛城市经贸活力、提高资源配置能力的重要策略和引擎。比如，浙江、上海等地积极发展智慧海洋，凭借互联网、大数据、智能化与海洋产业深度融合的契机，以一批海洋新兴产业重大工程与行动计划为基础，整合供应链、产业链，构筑创新链，构建具有开放性的产业生态体系，培养形成了一批具有国际竞争优势的现代海洋产业集群。

（三）以宜居宜业为要义，着力构建海洋绿色生态体系

“人与自然和谐共生的现代化”是建设现代海洋城市的重要基础保障。要实现向海图强，必须持续提升海洋生态环境治理水平，以推进海洋生态环境治理科学化、规范化与高效化为重要任务，努力构建“水清滩净、渔鸥翔集、人海和谐”的海洋绿色生态格局。同时，海洋碳汇在全球碳循环中扮演着重要角色，也将是实现碳中和的重要抓手。因此，需要坚持绿色发展理念，鼓励低能耗、低排放的海洋服务业、高技术产业和海洋新能源产业发展，大力推广海洋循环经济模式，不断创新海洋经济绿色发展模式。目前，深圳以海洋产业和海洋环保为海洋经济发展的两翼，推进海洋经济高质量发展。深圳大鹏新区以加强海洋生态保护为抓手，重塑海洋发展空间，将海洋生态、海洋经济、城市发展融为一体，形成产城融合发展模式。

（四）加强陆海统筹协调，强化区域分工与协作

按照“外拓腹地，内联互通”的设计强化沿海与腹地之间的联系。统筹考虑近海、远海、深海的“三海”发展，加强陆地与海岛、海岛与海岛间的通达与联系，加强近海、远海、深海的要素流通与协调。同时，还要注意陆海经济关系的协调，加强陆海经济联系，形成融合共生的陆海产业发展格局。充分依托青岛的国际门户枢纽功能、科技创新策源功能、高端产业引领功能、生产生活生态融合功能，增强经略海洋先

导功能，发挥海洋城市区域辐射带动功能。加快5G、物联网、云计算、大数据、人工智能等新一代信息技术与海洋经济发展、城市建设高度融合，以“开放、连接、协同、融合”为发展理念，通过整体性规划与制度对接战略引领和带动山东半岛海洋城市群绩效。

（五）发展高水平开放与合作，深度融入国内国际双循环

海洋经济具有开放性和国际性，高度开放与紧密合作是建设引领型现代海洋城市的基础要求。在当前逆全球化和严峻疫情形势的影响下，全球产业分工和贸易格局逐渐转向多中心产业格局和区域贸易不断加强的贸易格局。[①] 新变化和新环境要求青岛市在建设引领型现代海洋城市的过程中与时俱进，努力成为构建国内国际双循环新发展格局的重要推动者。首先，充分发挥作为对外开放门户枢纽的作用，吸引国际高端资源要素，引导配置资源在国内高效流通；通过进一步完善相关体制机制，营造顺畅、高效、公平的市场环境，促进本地市场升级，形成自身竞争力，强化本土市场对国际合作的影响与互动。其次，在海洋科技创新合作与交流方面，遵循开放、包容、合作的框架，兼顾国内和国际两方面知识、信息及人才服务体系，深化与全球海洋价值链各环节的有机融合，加强与国际知名海洋城市、国内重要海洋城市的协同合作，建立海洋科技自主创新应用体系，提高青岛在全球海洋科技价值链中的地位。借助构建海洋命运共同体、蓝色伙伴关系、“一带一路”建设等重要发展契机，不断拓展参与国际治理的深度与广度，扩大青岛市的全球影响力。

（责任编辑：王圣）

---

① 张春宇：《全球海洋中心城市的内涵与建设思路》，《海洋经济》2021年第5期。

基于模糊评价方法的中国海洋生态灾害重大事件应急能力评价研究*

王　妍**

摘　要　为预防海洋生态灾害重大事件的发生，最大限度地减少其造成的损失，有效保障沿海地区及其他地区人民群众的生命财产安全，我国应切实加强海洋生态灾害应急能力建设。本文在系统综述突发事件应急能力评价研究的基础上，根据海洋生态灾害应急能力系统要素构成和流程构成，结合海洋生态灾害重大事件应急的特点，运用文献分析法和德尔菲法构建了海洋生态灾害重大事件应急能力评价指标体系，运用层次分析法确定了海洋生态灾害重大事件应急能力评价指标权重，运用模糊评价方法对海洋生态灾害重大事件应急能力进行了评价。依据应急能力等级量化表中位数评价法进行评价，绿潮灾害重大事件应急能力为5.52，应急能力处于一般水平；赤潮灾害重大事件应急能力为4.80，应急能力处于较弱水平；溢油灾害重大事件应急能力为3.37，应急能力处于较弱水平。中国海洋生态灾害重大事件应急能力建设应不断完善海洋生态灾害重大事件应急法律体系、合理规划海洋生态灾害重大事件应急机构设置、进一步理顺海洋生态灾害重大事件应急机制、逐渐完备海洋生态灾害重大事件应急预案体系、增强应急主体对海洋生态灾害事件防范意识等。

---

* 本文受山东省人文社会科学项目“山东省海洋生态灾害承灾体脆弱性评估及应急策略研究”（2021－YYGL－38）、教育部人文社会科学研究项目“陆海统筹视角下近海生态退化多主体协同治理模式研究”（22YJAZH019）、山东省自然科学基金项目“陆海统筹视域下山东省近海生态退化多主体协同治理模式仿真及机制优化研究”（ZR2022MG025）资助。

** 王妍，博士，青岛理工大学商学院讲师，主要研究方向：海洋资源开发与管理。

关键词 海洋生态灾害重大事件 应急能力 灾害预防 模糊评价方法 层次分析法

应急能力评价研究是一项应用性和实践性极强的研究，是在突发事件应急管理实践中逐渐产生的。早期的应急能力研究主要是针对政府部门应急能力提升的研究。随后，各类突发事件的不断发生对应急能力研究提出更高的要求。应急能力构成要素研究是应急能力评价的基础。目前，国外专家学者在应急能力构成要素方面并没有达成共识，大多是根据自身的研究需要进行要素类别划分。比较有代表性的是美国突发事件应急能力评价工具（CAR）对应急能力要素的划分，它将应急能力要素分为13个维度：法律法规、培训演习、风险识别和风险评估、风险缓解、后勤保障、资源管理、应急计划、指挥及控制协调、评估和完善、沟通和预警、公众教育和信息、财政和管理、危机沟通。很多学者从突发事件的应对准备评估[①]、威胁评估[②]、应急响应系统评估[③]和应急管理全过程评估[④]等方面展开突发事件应急能力评价。威胁评估采用准实验研究方法。[⑤] 应急管理全过程评估主要从备灾措施、减灾措施、应急反应措施、灾害风险评估、灾害政策制定、灾后评估、短期救济措施、长期救济和恢复措施八个方面建立应急能力评价指标体系。研究结

---

① David M. Simpson, Matin Katirai, "Indicator Issues and Processed Framework for a Disaster Preparedness Index," Working Paper, Center for Hazards Research and Policy Development, University of Louisville, 2006, No. 06 - 03.

② Randy Borum, Dewey G. Cornell, et al., "What Can Be Done about School Shootings? A Review of the Evidence," *Educational Research* 39 (2010): 27 - 37.

③ B. A. Jackson, Sullivan Faith, H. H. Wills, "Are We Prepared? Using Reliability Analysis to Evaluate Emergency Response Systems," *Journal of Contingencies and Crisis Management* 19 (2011): 147 - 157.

④ Natural Disasters in Australia, "Reform Instigation, Relief and Recovery Arrangements-Airport to the Council of Australian Governments by a High Level Official's Group," Department of Transport & Regional Services, http://www.ema.gov.au/, 2002 - 08.

⑤ 范德志、王绪鑫：《突发公共卫生事件应急能力评价研究——以华东地区为例》，《价格理论与实践》2020年第6期。

果表明，应急人员、应对准备、应急计划、应急响应、灾后公共教育是提升突发事件应急能力的重要途径。除此之外，公众、非政府组织、政府等的全员参与也是提升突发事件应急能力的重要方面。国内关于应急能力评价指标体系的构建思路主要有三种：基于事件生命周期，基于事件影响因素，基于霍尔的“三维结构”分析。基于事件生命周期的评价指标体系主要从事前、事中和事后三个方面进行构建[①]；基于事件影响因素的评价指标体系主要将突发事件应急能力影响因素分为人力因素、预案因素、资源因素、环境因素和调控因素等[②]；基于霍尔的“三维结构”分析的应急能力评价指标体系主要从要素、能力形成和能力提升三个层面构建。

综上所述，某项突发事件的应急处置是一个系统工程，其涉及的内容不是任何一个单一研究思路能够涵盖的，而且对应急能力进行评价的根本目的是应急能力的提升与建设。因此，本文拟从海洋生态灾害重大事件应急能力系统构成要素和应急流程两个维度相结合的角度，构建海洋生态灾害重大事件应急能力评价指标体系，并以绿潮、赤潮和溢油重大事件典型案例为例进行实证检验，并根据评价结果做出相应的能力诊断，这对中国海洋生态灾害处置能力建设的政策制定有一定的借鉴意义。

一　相关概念内涵

海洋生态灾害是海洋灾害的一种，主要是由自然变异和人为因素造成的。损害近海生态环境和海岸生态系统的灾害，是陆地污染源入海后

① 齐春泽、代文锋：《基于云模型的城市灾害应急能力评价》，《统计与决策》2019 年第 4 期；王妍、高强、吴梵：《海洋生态灾害处置能力系统流程构成实证检验——基于有序 Logit 模型》，《数理统计与管理》2018 年第 5 期；马英杰、姚嘉瑞：《基于人类命运共同体的我国海洋防灾减灾体系建设》，《海洋科学》2019 年第 3 期；王妍、高强、汪艳涛：《海洋生态灾害重大事件处置能力评价指标体系初探——基于“三维结构”理论分析》，《科技管理研究》2017 年第 16 期。

② 张绪良：《山东省海洋灾害及防治研究》，《海洋通报》2004 年第 3 期。

引发的一系列海洋生态问题，比较典型的海洋生态灾害有赤潮、绿潮、海洋污损、海上油井、船舶漏油、溢油和生物入侵等。[①] 根据《中华人民共和国突发事件应对法》和《国家特别重大、重大突发公共事件分级标准（试行）》中的有关规定，海洋生态灾害重大事件是指发生面积在500平方米以上，或造成10人以上死亡，或造成1000万元以上经济损失的海洋生态灾害。《中国海洋灾害公报》统计数据显示，对中国沿海地区影响较为严重、发生频率较高且易造成较大经济损失的海洋生态灾害主要有赤潮、绿潮和溢油灾害。因此，本文主要探讨赤潮、绿潮和溢油三种海洋生态灾害。

海洋生态灾害重大事件应急处置是一项复杂的系统工程，对象的特殊性、主体的多元化、涉及要素的多样性、应急过程中突发状况的难以预见性都决定了海洋生态灾害重大事件应急的复杂性。管理学指出，应急能力是应急主体在应对突发事件过程中对所需资源进行整合、配置过程中产生的，并能够实现某些特定功能。本文的应急能力主要是指组织层面的能力，是组织将现有资源进行整合配置进而服务于海洋生态灾害重大事件应急的整合能力。从中国实际情况来看，海洋生态灾害应急能力建设还存在应急要素配置不完备、应急流程衔接不通畅和应急系统功能不健全等问题。迫切需要建立海洋生态灾害重大事件应急能力评价指标体系，对海洋生态灾害重大事件应急能力实际情况做出合理准确的评判，这对于海洋生态灾害应急能力建设至关重要。海洋生态灾害重大事件应急能力评价指标体系所要解决的问题是检验各级政府部门在应对海洋生态灾害重大事件时体制、机制、法制、预案和人力、物质、资金、技术、心理等应急要素的完备程度，以及应急流程的衔接程度，并使得

---

① 王悦、刘阳、宋文华：《基于模糊综合评价法的石化企业事故应急能力评估方法研究》，《南开大学学报》（自然科学版）2021年第6期；杨云飞、屈桂菲：《我国沿海地区海洋生态环境效率时空演化及影响因素研究》，《中国海洋大学学报》（社会科学版）2021年第4期；田艳、曾春华、李志强、张会领：《青岛近岸海域开发利用生态适宜性评价》，《广东海洋大学学报》2021年第4期。

损失最小化的能力。

二 海洋生态灾害重大事件应急能力评价指标选取

遵循系统性、客观性、可测性和代表性等指标体系构建原则，本文首先系统梳理了自然灾害应急能力评价、突发公共卫生事件应对能力评价以及美国和日本等发达国家在国家层面的突发事件应急能力评价指标等现有文献，根据海洋生态灾害应急能力系统要素和流程维度各要素分析，初步提出海洋生态灾害重大事件应急能力评价的指标体系。为了使所构建的评价指标体系更符合客观事实、具有较高的可信度，本文设计调查问卷，列出各级评价指标，将调查问卷发送给海洋生态灾害应急能力研究领域的相关专家，并进行意见归一处理，回收后将第一次结果反馈给各位专家继续第二轮咨询，直到专家的意见趋于集中。采用上述方法，本文最终确定了海洋生态灾害预防与应急准备能力、海洋生态灾害监测与预警能力、海洋生态灾害应急与救援能力以及海洋生态灾害事后恢复与重建能力这四个指标作为一级评价指标，并运用同样的方法分别确定了海洋生态灾害重大事件应急能力评价指标体系的二级、三级指标，具体指标体系如图1所示。

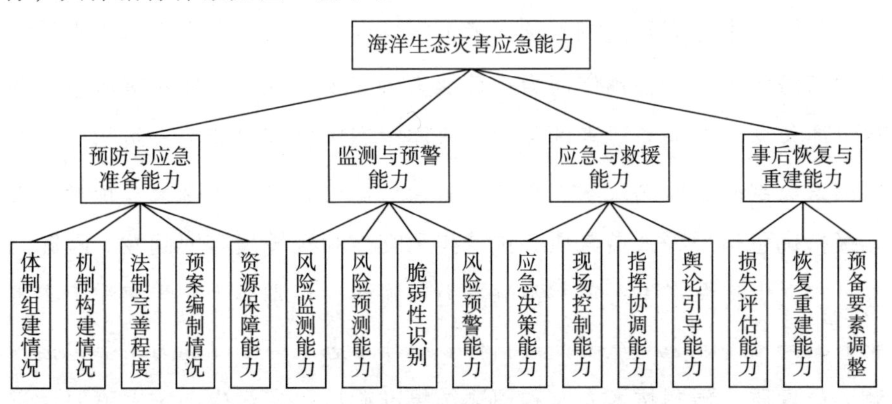

图1 海洋生态灾害重大事件应急能力评价指标层次结构

（一）海洋生态灾害预防与应急准备能力指标选取

海洋生态灾害应急的第一步是做好灾害预防与应急准备。中国突发事件应急管理体系的发展沿革表明，“一案三制”的准备是预防与准备环节必不可少的。基于此，海洋生态灾害预防与应急准备能力的二级指标应包含体制组建情况、机制构建情况、法制完善程度、预案编制情况。体制组建情况主要包括应急机构是否包含领导机构、办事机构、工作机构和专家组等，是否有独立常设的海洋生态灾害应急机构是体制组建情况的重要衡量指标。机制构建情况主要包括应急制度完备性和应急机制运行情况。法制完善程度主要包括法律法规的完备性和执行情况。预案编制情况主要包括预案的完备性、可操作性、演练频率等。此外，海洋生态灾害应急人力、资金、物质、技术、信息、心理等资源要素的准备是非常必要的。因此，本文将资源保障与“一案三制”要素并列为海洋生态灾害预防与应急准备能力的二级指标，其三级指标主要包括人力资源、资金资源、物质资源、技术资源、信息资源和心理资源。需要特别说明的是，心理资源是本文重点关注的要素。

（二）海洋生态灾害监测与预警能力指标选取

从海洋生态灾害监测与预警能力字面含义来看，海洋生态灾害监测能力与海洋生态灾害预警能力是该能力的重要构成。按照灾害应急流程尽可能包含所有应急要素的原则，海洋生态灾害监测能力三级指标包含监测人员素质、监测技术支撑和实时监测情况，海洋生态灾害预警能力三级指标包括预警人员素质、预警技术支撑和预警发布明确性。除此之外，本文也将海洋生态灾害预测能力和脆弱性识别能力作为海洋生态灾害监测与预警能力的重要衡量指标。海洋生态灾害预测能力主要包括预测人员素质、预测技术支撑和预测结果准确性，海洋生态灾害脆弱性识别能力主要包括脆弱性识别人员素质、脆弱性识别技术支撑和脆弱性识

别实施情况。

（三）海洋生态灾害应急与救援能力指标选取

当海洋生态灾害暴发时，应尽可能避免赤潮、绿潮等快速繁殖，以免造成更大程度的海洋污染和环境破坏。海洋生态灾害应急与救援能力指标主要由应急决策能力、现场控制能力、指挥协调能力和舆论引导能力4个二级指标和12个三级指标构成。应急决策能力包括决策者素质、决策协同能力和决策执行能力。现场控制能力主要包括应急响应能力、执行能力和协同联动能力。指挥协调能力不仅包括指挥人员自身的素质，还包含应急过程中的人员和物资调配情况。舆论引导能力主要包括灾情发布的时机、灾情公开的程度和灾情传播后果。

（四）海洋生态灾害事后恢复与重建能力指标选取

海洋生态灾害事后恢复与重建能力是对灾后应急的综合反馈，即对海洋生态灾害的灾后评估总结和灾后恢复重建，并对海洋生态灾害预防与应急准备环节的要素进行适当调整，从而进一步提升海洋生态灾害应急能力。海洋生态灾害损失评估、应急主体权责利评估、再次发生的可能性和强度评估等是海洋生态灾害灾后评估总结工作的重要内容。恢复重建能力主要包括基础设施重建、海洋环境恢复和海洋渔业经济恢复。预备要素调整主要包括对体制、机制、法制、预案和资源保障要素的调整。

三　海洋生态灾害重大事件应急能力评价指标权重确定

海洋生态灾害重大事件应急能力评价指标权重确定采用层次分析方法，权重确定过程中的专家调查为一般性调查，需要广泛征求专家对海洋生态灾害重大事件应急能力评价指标体系的意见，对各指标权重做出判断。评价指标权重调查共发放问卷 40 份，为提高结果的可信度与科学性，调查样本选取的原则是尽可能广泛地覆盖各部门机构相关专家，问卷发放给主管海洋渔业政府部门 10 份，国家海洋局下属分局 10 份，海洋研究所 10 份，涉海高校有关专家 10 份，共回收有效问卷 26 份。

根据 Satty 相对重要性等级表，用 1 ~ 9 的标度方法，对指标进行两两比较，对其重要性进行判断打分，构建一级指标的判断矩阵 B，即 4 项一级指标预防与应急准备能力 $B1$、监测与预警能力 $B2$、应急与救援能力 $B3$、事后恢复与重建能力 $B4$，设计调查问卷，根据专家的打分结果，建立的判断矩阵如表 1 所示。

表 1　一级指标权重判断矩阵

	$B1$	$B2$	$B3$	$B4$
$B1$	1	1	4	2
$B2$	1	1	4	2
$B3$	1/4	1/4	1	1
$B4$	1/2	1/2	1	1

将判断矩阵每一列进行归一化处理，$\overline{b_{ij}} = \frac{b_{ij}}{\sum_{i=1}^{4} b_{ij}} (i,j = 1,2,3,4)$，得：

$$\text{权重矩阵} = \begin{bmatrix} 0.3636 & 0.3636 & 0.4 & 0.3333 \\ 0.3636 & 0.3636 & 0.4 & 0.3333 \\ 0.0909 & 0.0909 & 0.1 & 0.1667 \\ 0.1818 & 0.1818 & 0.1 & 0.1667 \end{bmatrix}$$

将归一化的矩阵按照行相加，$\overline{b_i} = \sum_{i=1}^{4} \overline{b_{ij}} (i,j = 1,2,3,4)$，得向量（1.4606，1.4606，0.4485，0.6303），将该向量正规化，$w_i = \frac{\overline{b_i}}{\sum_{i=1}^{4} \overline{b_i}} (i =$

1,2,3,4)，即专家评判各指标的权重为：

$$w_1 = 0.3652, w_2 = 0.3652, w_3 = 0.1121, w_4 = 0.1576$$

计算判断矩阵的最大特征根，$\lambda_{max} = \frac{1}{4}\sum_{i=1}^{4}\frac{\sum_{j=1}^{4} b_{ij}}{w_i} = 4$。

进行一致性检验，$CI = \frac{\lambda_{max} - n}{n-1} = 0$，$CR = \frac{CI}{RI} = 0$。$CR = 0 < 0.1$，表明通过一致性检验。$RI$ 对应值如表 2 所示。

表 2　*RI* 对应值

N	1	2	3	4	5	6	7	8	9
RI	0.00	0.00	0.58	0.90	1.12	1.24	1.32	1.41	1.49

以上步骤是根据某一位专家的调查问卷计算一级指标权重和进行一致性检验的，其他专家一级指标权重计算、一致性检验均依据以上流程在 AHP 软件中完成。在指标权重专家咨询中一共有 40 位专家，共收回 26 份有效问卷，每位专家可以得到一组权重赋值和一致性检验。其中，有两位专家的 *CR* 值没有通过一致性检验，剔除这两组权重，将其余 24 组权重进行算术平均，得出代表专家群体集中意见的指标权重赋值。中国海洋生态灾害应急能力一级评价指标的最终权重如表 3 所示。

表 3　一级评价指标最终权重

评价指标	预防与应急准备能力	监测与预警能力	应急与救援能力	事后恢复与重建能力
权重	0.289	0.297	0.223	0.191

重复上述步骤，可求得二级指标权重，如表 4 所示。

表 4　二级指标合成权重计算结果

二级评价指标	B1	B2	B3	B4	合成权重
	0. 289	0. 297	0. 223	0. 191	
体制组建情况	0. 105				0. 030
机制构建情况	0. 237				0. 068
法制完善程度	0. 258				0. 075
预案编制情况	0. 266				0. 077
资源保障能力	0. 134				0. 039
风险监测能力		0. 307			0. 091
风险预测能力		0. 121			0. 036
脆弱性识别		0. 184			0. 055
风险预警能力		0. 388			0. 115
应急决策能力			0. 317		0. 071
现场控制能力			0. 245		0. 055
指挥协调能力			0. 256		0. 057
舆论引导能力			0. 182		0. 041
损失评估能力				0. 424	0. 081
恢复重建能力				0. 383	0. 073
预备要素调整				0. 193	0. 037

四　海洋生态灾害重大事件应急能力评价实证分析

2008 年青岛绿潮灾害事件是目前中国暴发的规模最大的绿潮生态灾害。此次事件发生时正值奥运会，奥帆赛即将举行，绿潮的大规模暴发引起中央和地方的广泛关注。2011 年 6 月，蓬莱 19 – 3 油田溢油事件严重损害了渤海海洋生态环境。2012 年，中国深圳南澳海面出现较大面积夜光藻赤潮，赤潮覆盖面积约 7000 平方米，海水呈现赤红色，持续了 20 天左右。这三次事件是中国海洋生态灾害重大事件的典型，本文选用模糊综合评价方法对 2008 年青岛绿潮灾害、2011 年渤海康菲溢

油灾害、2012 年深圳南澳赤潮灾害的应急能力进行评价，对海洋生态灾害应急能力评价指标体系进行实证检验，诊断现阶段中国海洋生态灾害重大事件应急能力存在的主要问题。通过对事件进行全面调研，充分了解事件应急状况，依据前文建立的评价指标体系和评价流程，采用模糊综合评价方法，对海洋生态灾害应急能力进行评价。海洋生态灾害重大事件应急能力评价结果分为五个等级，等级和相应数值范围见表 5。

表 5　海洋生态灾害重大事件应急能力分级标准

等级	数值范围	说明
Ⅰ	0 ~ 2	应急能力弱
Ⅱ	2 ~ 5	应急能力较弱
Ⅲ	5 ~ 7	应急能力一般
Ⅳ	7 ~ 9	应急能力较强
Ⅴ	9 ~ 10	应急能力强

（一）确定评价因素和评价等级

海洋生态灾害重大事件应急能力模糊评价的评价因素是海洋生态灾害重大事件应急能力的 50 个三级指标，邀请专家根据事件描述和自身经验对事件应急的各三级指标进行评价，每个评价指标的评价等级设定为 5 类：非常好 =5，好 =4，一般 =3，差 =2，非常差 =1。

（二）构造判断矩阵和确定权重

绿潮事件调查共发放问卷 40 份，回收有效问卷 34 份。赤潮事件调查共发放问卷 40 份，回收有效问卷 32 份。溢油事件调查共发放问卷 40 份，回收有效问卷 30 份。海洋生态灾害重大事件应急能力评价的判断矩阵是一个 50 ×5 阶矩阵，该判断矩阵中涉及隶属度的函数，根据回收的问卷汇总所有三级指标的隶属度，可以得到海洋生态灾害重大事件应急能力评价三级指标的模糊判断矩阵。

绿潮重大事件应急能力评价三级指标模糊判断矩阵如表6所示。另外，假定隶属于每个二级指标下的三级指标权重等分。

表6　三级指标模糊判断矩阵

三级指标	非常差	差	一般	好	非常好
组织机构完备性	0.00	0.06	0.26	0.53	0.15
独立常设应急机构	0.00	0.50	0.32	0.18	0.00
应急制度完备性	0.00	0.12	0.56	0.24	0.09
应急机制运行情况	0.00	0.00	0.15	0.74	0.12
法律法规完备性	0.00	0.29	0.41	0.29	0.00
法律法规执行情况	0.00	0.21	0.53	0.26	0.00
预案完备性	0.00	0.00	0.12	0.56	0.32
预案可操作性	0.00	0.18	0.35	0.35	0.12
预案演练频率	0.09	0.15	0.47	0.29	0.00
人力资源	0.00	0.09	0.59	0.26	0.06
物质资源	0.00	0.24	0.62	0.15	0.00
资金资源	0.00	0.03	0.56	0.41	0.00
技术资源	0.00	0.24	0.32	0.26	0.18
信息资源	0.00	0.12	0.38	0.35	0.15
心理资源	0.06	0.26	0.44	0.24	0.00
监测人员素质	0.00	0.00	0.29	0.71	0.00
监测技术支撑	0.00	0.09	0.53	0.29	0.09
实时监测情况	0.00	0.00	0.82	0.18	0.00
预测人员素质	0.03	0.12	0.56	0.21	0.09
预测技术支撑	0.00	0.06	0.47	0.32	0.15
预测结果准确性	0.12	0.24	0.26	0.26	0.12
脆弱性识别人员素质	0.41	0.44	0.15	0.00	0.00
脆弱性识别技术支撑	0.41	0.44	0.15	0.00	0.00
脆弱性识别实施情况	0.41	0.44	0.15	0.00	0.00
预警人员素质	0.00	0.09	0.38	0.47	0.06
预警技术支撑	0.00	0.09	0.53	0.35	0.03

续表

三级指标	非常差	差	一般	好	非常好
预警发布明确性	0.00	0.00	0.59	0.29	0.12
决策者素质	0.00	0.00	0.26	0.44	0.29
决策协同能力	0.00	0.00	0.41	0.50	0.09
决策执行能力	0.00	0.03	0.44	0.44	0.09
应急响应能力	0.00	0.00	0.47	0.53	0.00
执行能力	0.00	0.00	0.32	0.68	0.00
协同联动能力	0.00	0.00	0.35	0.56	0.09
指挥人员素质	0.00	0.00	0.47	0.47	0.06
人员调配情况	0.00	0.00	0.59	0.41	0.00
物资调配情况	0.00	0.00	0.71	0.21	0.09
灾情发布时机	0.00	0.06	0.56	0.29	0.09
灾情公开程度	0.00	0.00	0.50	0.38	0.12
灾情传播后果	0.00	0.06	0.41	0.47	0.06
灾情再次发生可能性评估	0.09	0.32	0.53	0.06	0.00
灾情再次发生强度评估	0.09	0.32	0.53	0.06	0.00
应急主体权责利评估	0.15	0.26	0.35	0.24	0.00
基础设施重建	0.00	0.00	0.44	0.44	0.12
海洋环境恢复	0.00	0.00	0.56	0.44	0.00
海洋渔业经济恢复	0.00	0.00	0.62	0.38	0.00
体制调整	0.12	0.24	0.56	0.09	0.00
机制调整	0.15	0.26	0.50	0.06	0.03
法律法规完善	0.26	0.29	0.44	0.00	0.00
预案体系完善	0.00	0.24	0.47	0.29	0.00
资源保障调整	0.09	0.24	0.44	0.24	0.00

（三）进行模糊合成

将三级指标权重与三级指标的模糊判断矩阵进行模糊合成，得出二级指标模糊判断矩阵，如表 7 所示。

表 7　二级指标模糊判断矩阵

二级指标	非常差	差	一般	好	非常好
体制组建情况	0.00	0.28	0.29	0.35	0.07
机制构建情况	0.00	0.06	0.35	0.49	0.10
法制完善程度	0.00	0.25	0.47	0.28	0.00
预案编制情况	0.03	0.11	0.31	0.40	0.15
资源保障能力	0.01	0.16	0.49	0.28	0.06
风险监测能力	0.00	0.03	0.55	0.39	0.03
风险预测能力	0.05	0.14	0.43	0.26	0.12
脆弱性识别	0.41	0.44	0.15	0.00	0.00
风险预警能力	0.00	0.06	0.50	0.37	0.07
应急决策能力	0.00	0.01	0.37	0.46	0.16
现场控制能力	0.00	0.00	0.38	0.59	0.03
指挥协调能力	0.00	0.00	0.59	0.36	0.05
舆论引导能力	0.00	0.04	0.49	0.38	0.09
损失评估能力	0.11	0.30	0.47	0.12	0.00
恢复重建能力	0.00	0.00	0.54	0.42	0.04
预备要素调整	0.12	0.25	0.48	0.14	0.01

将二级指标权重与二级指标的模糊判断矩阵进行模糊合成，得出一级指标模糊判断矩阵，如表 8 所示。

表 8　一级指标模糊判断矩阵

一级指标	非常差	差	一般	好	非常好
预防与应急准备能力	0.01	0.16	0.38	0.37	0.08
监测与预警能力	0.08	0.13	0.44	0.30	0.05
应急与救援能力	0.00	0.01	0.45	0.45	0.09
事后恢复与重建能力	0.07	0.18	0.50	0.24	0.02

将一级指标权重与一级指标的模糊判断矩阵进行模糊合成，得出绿潮灾害应急能力最终评价模糊向量。依据上述步骤，分别对赤潮和溢油重大事件应急能力进行评价。三次重大事件应急能力评价结果如表 9 所示。

表 9　海洋生态灾害重大事件应急能力模糊判断矩阵

灾害	非常差	差	一般	好	非常好
绿潮	0.04	0.12	0.44	0.34	0.06
赤潮	0.09	0.23	0.43	0.19	0.06
溢油	0.22	0.39	0.34	0.04	0.00

依据应急能力等级量化表中位数评价法进行评价，2008 年青岛绿潮灾害重大事件应急能力为 5.52，应急能力处于一般水平；2012 年深圳南澳海面赤潮灾害重大事件应急能力为 4.80，应急能力处于较弱水平；2011 年渤海康菲溢油灾害重大事件应急能力为 3.37，应急能力处于较弱水平。

2008 年绿潮发生正值奥运会帆船比赛即将举行，青岛市及各级政府部门对此次事件高度重视，这是评价结果中应急与救援能力“好”的重要原因。从应急能力二级指标评价结果来看，体制组建情况“非常差”，脆弱性识别“差”，其他各指标均处于“一般”水平。由此可见，体制组建情况和脆弱性识别是海洋生态灾害重大事件应急中较为薄弱的环节。就体制组建情况的三级指标结果进行分析，导致体制组建情况非常差的主要原因是缺乏独立常设的应急机构。中国海洋溢油灾害应急能力水平较差，与很多油田由国外的公司操控有关，在采取预防措施和责任承担过程中都存在扯皮现象，存在较强的侥幸心理。所以要从法律上明确责任和相关的法律后果，出台正式的法律明文规定才具有强制性；当然对内来说也要不断提高应对溢油事故的能力，制定可靠的应急流程，在灾害发生时，第一时间采取应急办法，并尽可能通过各种渠道增强恢复能力，安抚公众心理，把损失降到最低。

五　结论与政策启示

基于以上应急能力评价结果，目前中国海洋生态灾害重大事件应急能力建设还应在以下方面不断提升与完善。

（一）不断完善海洋生态灾害重大事件应急法律体系

虽然中国已初步建立起灾害管理的法律体系，但是与经济社会快速发展的客观实际相比，中国灾害特别是海洋生态灾害重大事件应急方面的法律制度体系还存在很多空白。一是没有形成统一的应急海洋灾害突发事件立法，缺乏适用于海洋重大突发事件引起的紧急状态的法律规范。二是没有形成一部专门的海洋生态灾害管理法规或一整套规章或规范性文件指导海洋灾害的应急活动，对各参与主体采取的措施及所应承担的职责没有具体明确的规定。目前，中国有关海洋生态灾害重大事件应急的相关规定分散在不同的法律法规中，比如《中华人民共和国海洋环境保护法》《中华人民共和国海洋石油勘探开发环境保护管理条例》等，没有形成一部综合性的海洋生态灾害重大事件应急法律法规。然而，国家有关部门或地方政府依据行业和地方特点制定了一些规范性文件，如《赤潮灾害应急预案》《绿潮灾害应急预案》等，基本上实行的是分灾种、分行业、一事一法的模式。这种模式对某种海洋生态灾害的应急有一定效果，但仍需要一部综合性的法律法规来对海洋生态灾害进行综合管理。综合法规要明确各部门的角色分工和职责划分，避免各应急机构相互推诿扯皮现象的发生。

（二）合理规划海洋生态灾害重大事件应急机构设置

从中央层面来看，国家海洋局基本上是中国海洋生态灾害重大事件应急的唯一机构，基本没有与中央其他部门形成统一协调的应急机制。在机构设置方面，与同级部门协调合作的横向结构在行动过程中存在本位主义，缺乏整体协调性和统筹安排，难以形成凝聚力。同时，还存在国家应急机制与国防动员机制整合不完善的困境，不能快速协调各部门之间的应急资源，有可能错过最佳应急时机，也导致应急资源使用率低

下。从纵向来看，海洋生态灾害重大事件应急机制表现出“对上负责”的特性。各部门或者主管领导出于追求自身利益的考虑，在向上级部门传递灾害信息时存在漏报、瞒报的情况，导致上一级应急机构不能了解灾情的全部信息，不能做出合理决策，最终导致灾情应急延误；而各部门在执行上级应急决策的过程中，也可能存在信息不对称，导致各部门各司其职，难以沟通协作，造成应急资源浪费、管理效率低下。海洋生态灾害应急的各地区各部门都应建立和完善海洋生态灾害应急工作责任制。从国外经验来看，现阶段美国和英国等发达国家都设立了专门负责突发事件应急的管理机构，主要负责突发事件应对和应急工作的部署与安排。中国海洋生态灾害重大事件应急工作可以率先尝试这种突发事件应急机构设置，为中国突发事件应急工作预先试验。

（三）进一步理顺海洋生态灾害重大事件应急机制

虽然中国目前已经形成“分级负责、属地为主”的海洋生态灾害应急机制，但是海洋生态灾害应急主体主要是政府部门，没有形成整个社会全员参与的应急模式。虽然海洋生态灾害应急工作的针对性较强，但是形成一个由公众、社区、企业、志愿者、非政府组织、政府部门和媒体机构等联合在一起的共同应对海洋生态灾害的应急模式是有必要的。沿海地区公众和社区是海洋生态灾害的最先知情者，如果公众和社区能在第一时间对灾害做出判断，并采取合适的应急措施，就能防止海洋生态灾害灾情的进一步扩大。相关媒体对海洋生态灾害的报道在很大程度上决定了整个事件的社会影响，新闻媒体在灾害面前应做到就事论事、真实报道，并且注意灾情报道的时机，避免谎报虚报引起的公众心理恐慌与社会负面影响。能否把海洋生态灾害的真实信息和应急过程公开于众是检验政府部门是否高度集权的重要标准。政府部门要做到协调各应急主体在海洋生态灾害应急中的各项工作，形成一种和谐、自由、彼此信任的海洋生态灾害重大事件应急机制。中国海洋生态灾害重大事件应急机制建设方面已取得显著成绩，但不可否认的是，实现应急机制的合理化建设还有很长的路要走，目前仍面临诸多亟待解决的问题。

（四）逐渐完备海洋生态灾害重大事件应急预案体系

海洋生态灾害重大事件应急预案体系不尽合理，有关绿潮、海水入侵、海岸侵蚀、咸潮、海平面上升等方面的应急预案还有待补充和完善。大部分关于海洋灾害的应急预案没有进行相应的风险评估，这也是中国目前各种应急预案存在的共性问题之一。如果不对具体海洋灾害及其可能造成的影响进行预测和评估，一旦灾害发生，应急预案就难以发挥作用。海洋灾害本身是突发的和难以预测的，只有事前进行必要的风险评估才能在灾害发生后充分应对。《中华人民共和国突发事件应对法》第 17 条第 4 款规定，应急预案制定机关应根据实际需要和情势变化，适时修订应急预案。许多海洋生态灾害重大事件应急预案仅有粗略的原则性规定，由于修订程序的欠缺，加之预案的修订工作尚未引起许多机构的重视，有些机构明确了解现有应急预案的问题却不加以修订完善。目前，针对已经制定的应急预案实施动态管理，适时进行必要修订的情况较为少见。

（五）增强应急主体对海洋生态灾害事件防范意识

中国海洋生态灾害应急各参与主体对海洋生态灾害的防范意识存在不同程度的缺失和不足。受传统思想的约束，政府部门对突发事件的防范意识还停留在国防安全层面，缺乏对生态灾害特别是海洋生态灾害的防范意识。虽然目前中央政府和很多政府部门特别是沿海地区政府部门已经意识到海洋灾害防灾减灾的重要性，但是海洋灾害防灾减灾的理念还仅仅停留在意识上。许多政府部门仍然缺乏海洋生态灾害灾情判断的专业知识，海洋生态灾害重大事件的预防与应急准备能力提升仍然只停留在口头上。许多政府部门特别是基层政府部门编制的海洋生态灾害应急预案只是流于形式，敷衍了事，可操作性极低。相关企业对海洋生态灾害的主动防范意识不强，大部分涉海企业对海洋生态灾害的防范是为了响应国家和地方政府部门的要求，在法律和规章的制约下进行海洋生态灾害的预防与应对准备工作。从 2011 年康菲溢油事件可以看出，康菲公司对溢油灾害的防范意识极低，或者可能是受利益最大化的驱使，多次错失避免此次事件发生的良好机会，最终酿成溢油灾害重大事件。另外，沿海社区和公众对海洋生态灾害重大事件的防范意识比较薄弱。中国比较注重政府部门突发事件应急能力的提升，对于公众及其他相关主体的培训和教育明显匮乏。因此，沿海社区和公众对海洋生态灾害重大事件不仅缺乏预防意识，更缺乏海洋生态灾害应急的知识和技能。总之，增强各应急主体对海洋生态灾害重大事件的防范意识对提升海洋生态灾害重大事件应急能力意义重大。

（责任编辑：鲁美妍）

利益相关者视角下中国深远海养殖高质量发展协同机制研究*

于谨凯　马兴云**

摘　要　深远海养殖是拓展“蓝色粮仓”生产空间的重要抓手，明确其协同机制是保障深远海养殖高质量发展的基础。本文基于利益相关者理论，识别深远海养殖的利益相关者，构建涵盖协同动力机制、协同运行机制、协同保障机制和协同实现机制的协同机制，研究了政府、企业及科研机构等利益相关者在制度、技术和资金上如何协同，使养殖活动、技术研发、产销衔接等根据不同的现实情况进行动态调整，以制度保障推动深远海养殖高质量发展。选取“黄海冷水团绿色高效养鱼项目”为典型案例进行研究，结果表明，该项目管理体系不断规范，体现了以政府为主导的多主体参与的协同机制。未来应进一步加强资金、技术和制度保障，确保该项目的高效运作，进而为深远海养殖高质量发展提供参考。

关键词　利益相关者　深远海养殖　高质量发展　协同机制　蓝色粮仓

引　言

深远海养殖从空间层面上为海洋经济提供了更广阔的发展空间，为中国的粮食安全提供了更有力的保障。党的二十大报告和“十四五”规划明确提出“建设海洋强国”战略、发展“深海深地”策略，从近

---

* 本文为国家社会科学基金重点项目“我国深远海养殖高质量发展长效机制研究”（21AJY022）的阶段性成果。

** 于谨凯，通讯作者，博士，中国海洋大学经济学院教授、博士研究生导师，中国海洋大学海洋发展研究院研究员，主要研究方向：海洋产业经济与管理。马兴云，中国海洋大学经济学院硕士研究生，主要研究方向：海洋产业经济与管理。

海走向深远海是中国海洋产业高质量发展的新方向。深远海养殖需要各利益相关者在特定的规则和规范下，相互协作、相互约束、共同参与。然而，利益相关者对待问题的差异性和各自诉求的冲突性，导致中国深远海养殖面临主体协同动力不足、产业链各环节协调程度较低、激励和保障措施不完善等问题。这在一定程度上阻碍了深远海养殖的高质量发展。如何协调利益相关者的利益冲突，建立行之有效的协同机制成为亟须解决的问题。

近年来，由于海水养殖的快速发展严重污染了近海海域环境①，加之中国近岸海水养殖已趋于饱和②，深远海养殖日益受到政府、企业和学者的重视。现有文献对深远海养殖的研究主要集中在发展现状、设备技术、生态效应和发展路径等方面。在发展现状方面：有学者利用 SWOT 方法，分析中国深远海养殖业的发展情况，并提出相应的政策建议。③ 在设备技术方面：多位学者基于国内外深远海工船养殖、网箱养殖有关装备技术的应用现状，对深远海智能化养殖设备的进一步应用展开研究。④ 在生态效应方面：有学者构建海水养殖业绿色发展评价指标体系，为评价海水养殖业绿色发展水平提供借鉴参考。⑤ 在发展路径方面：多位学者从可持续发展目标出发，对水产养殖业绿色发展提出针对性建议。⑥

① 杨卫华、高会旺、张永举：《海水养殖对近岸海域环境影响的研究进展》，《海洋湖沼通报》2006 年第 1 期。

② 韩立民、郭永超、董双林：《开发黄海冷水团　建立国家离岸养殖试验区的研究》，《太平洋学报》2016 年第 5 期。

③ 刘晃、徐琰斐、缪苗：《基于 SWOT 模型的我国深远海养殖业发展》，《海洋开发与管理》2019 年第 4 期。

④ 纪毓昭、王志勇：《我国深远海养殖装备发展现状及趋势分析》，《船舶工程》2020 年第 S2 期；吕磊、陈作钢、代燚：《深远海养殖工船最小推进功率研究》，《海洋工程》2021 年第 6 期；黄小华、庞国良、袁太平等：《我国深远海网箱养殖工程与装备技术研究综述》，《渔业科学进展》2022 年第 6 期。

⑤ 岳冬冬、吴反修、方海等：《中国海水养殖业绿色发展评价研究》，《中国农业科技导报》2021 年第 6 期。

⑥ 徐杰、韩立民、张莹：《我国深远海养殖的产业特征及其政策支持》，《中国渔业经济》2021 年第 1 期；徐琰斐、徐皓、刘晃等：《中国深远海养殖发展方式研究》，《渔业现代化》2021 年第 1 期。

因此，实现高质量的深远海养殖业发展已经成为学者们研究的焦点。

当前，中国亟须准确把握深蓝渔业高质量发展的目标和要求，摒除传统“重量轻质”的发展模式，做好养殖业转型升级，开展深远海养殖多主体协同治理，建立协同机制。协同学旨在研究复杂系统如何通过协作而从无序到有序演变的规律。[①] 协同机制是发挥协同效应，构建出能使系统中的内部子系统通过合作互补或者达成某种共识从而形成稳定而正向的主体的机制。[②] 多中心协同治理在公共项目、社区管理、贫困治理等多个领域有着广泛的应用。[③] 有学者以利益相关者、协同理论为分析框架，构建了多元成本主体的合理分担机制，结果发现，农业转移人口市民化进程是其利益相关者收益分享、成本分担、利益分配直至达到动态平衡的过程。[④]

综上所述，尽管深远海养殖和协同机制已取得一定成果，但目前缺乏针对深远海养殖高质量发展协同机制的具体、深入的理论研究。深远海养殖业涉及多元主体的参与，多元主体和多种要素构成复杂的系统，通过组织系统的各要素之间以及各子系统之间的协同作用，可以使组织要素彼此耦合，赢得全新的整体放大效应。[⑤] 本文从利益相关者视角出发，按照“相关主体界定—协同机制分析—典型区域应用”的逻辑，以“驱动—运行—保障—实现”为框架，构建深远海养殖高质量发展协同机制，并选择典型区域进行分析，以期为中国深远海养殖项目提供政策建

---

① 吴价宝、卢珂：《基于多主体的港口物流协同机制研究——以江苏沿海港口物流为例》，《中国管理科学》2014 年第 S1 期。

② 茶世俊、梁娜、靳伟等：《区县教师教育新体系协同机制的理论构建——以协同学为理论视角》，《教育学术月刊》2021 年第 5 期。

③ 范逢春、李晓梅：《农村公共服务多元主体动态协同治理模型研究》，《管理世界》2014 年第 9 期；卫志民：《中国城市社区协同治理模式的构建与创新——以北京市东城区交道口街道社区为例》，《中国行政管理》2014 年第 3 期；林涛：《多元主体协同治理视阈下的科技扶贫路径探析》，《科学管理研究》2020 年第 4 期。

④ 纪春艳、张学浪：《新型城镇化中农业转移人口市民化的成本分担机制建构——以利益相关者、协同理论为分析框架》，《农村经济》2016 年第 11 期。

⑤ 毕建新、黄培林、李建清：《基于协同理论的高校协作服务模式探索——以东南大学为例》，《中国高校科技》2012 年第 4 期。

议，为深远海养殖高质量发展的研究提供新的切入视角和研究思路。

一　中国深远海养殖高质量发展协同治理的利益相关者分析

（一）中国深远海养殖高质量发展协同治理的利益相关者识别

深远海养殖的发展离不开各利益主体的配合，各类主体之间存在异质性。因此，明确界定利益主体的构成和利益诉求，是构建深远海养殖高质量发展协同机制的基础。根据 Mitchell 等的分类①，在深远海养殖中政府、企业、行业协会、涉海高校和科研机构、金融机构具备权力性、合法性和紧迫性三个属性，为深远海养殖的决定型利益相关者（见表 1）。

表 1　中国深远海养殖高质量发展协同治理的利益相关者及其诉求分析

利益相关者	代表主体	利益诉求
政府	农业农村部（厅）等中央政府、沿海省市人民政府等地方政府、山东省海洋与渔业厅等机构	水产养殖绿色可持续发展，拓展蓝色经济空间，保障国家粮食安全
企业	有实力的渔业龙头企业，项目出资人、负责人、承建人，如日照市万泽丰渔业有限公司	利润最大化，养殖技术提升，养殖设备智能化
行业协会	中国水产流通与加工协会、中国船舶工业行业协会、福建省渔业互保协会、福建省渔业行业协会等	加强行业协调、服务和管理，注重包含生态效益在内的综合效益
涉海高校和科研机构	以中国水产科学研究院、湖北海洋工程装备研究院等为代表的研究院所，以中国海洋大学为代表的涉海高校	提升学术能力和研究水平，扩大学术影响力，获得长期资金资助
金融机构	中国农业发展银行山东省分行与青岛市分行等金融机构	鼓励科技创新，提供信贷支持，提高风险管理能力

① R. K. Mitchell，B. R. Agle，D. J. Wood，"Toward a Theory of Stakeholder Identification and Salience：Defining the Principle of Who and What Really Counts，" *Academy of Management Review* 22（1997）：853 – 886.

（二）中国深远海养殖高质量发展协同治理的利益相关者角色定位和作用

政府是深远海养殖高质量发展协同治理的核心枢纽。政府通过顶层设计和规划规范企业养殖行为，通过政策引导行业协会、金融机构、涉海高校和科研机构做好制度、资金和技术保障工作。企业是深远海养殖高质量发展协同治理的关键主体。作为实践主体，深远海养殖企业能以深远海养殖装备为核心，针对不同区域的特点和需求，创新养殖模式。行业协会、金融机构、涉海高校和科研机构是深远海养殖高质量发展协同治理的辅助力量。行业协会在深远海养殖中发挥桥梁纽带作用，为政府和企业提供双向服务；金融机构协助财政主管部门做好融资保障工作；涉海高校和科研机构研究深远海养殖培训的有关内容、标准，为养殖企业提供专业理论指导。如图1所示，在协同治理理论与实践的指导下，多元利益主体在责任分担、平等合作、目标一致、信息共享的基础上，明确各自权责，充分发挥协同效益。

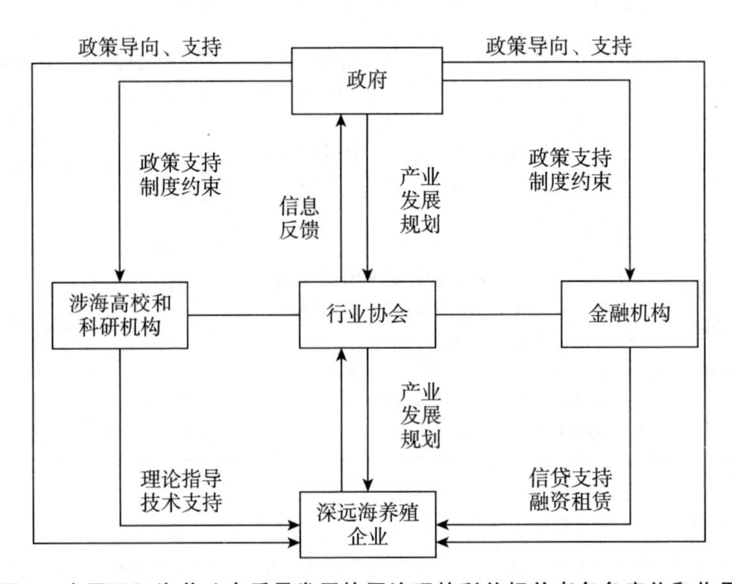

图1 中国深远海养殖高质量发展协同治理的利益相关者角色定位和作用

二 利益相关者视角下中国深远海养殖高质量发展协同机制的构建思路及研究框架

（一）利益相关者视角下中国深远海养殖高质量发展协同机制的构建思路

利益相关者视角下中国深远海养殖高质量发展协同机制指各主体以实现自身利益诉求为驱动力，在政府专项资金补贴下，以企业为主导，协同行业协会、金融机构、涉海高校和科研机构联合研究与开发、经营和管理，使养殖活动、技术研发、产销衔接等根据不同的现实情况进行动态调整，以制度保障推动深远海养殖高质量发展。

在对深远海养殖的利益相关者进行分析的基础上，结合利益相关者协同任务，首先，研究主体协同的目标与动因，即为什么要协同的问题；其次，解决如何协同的问题，也即如何把观念形态上的协同转换为实际的协同行为，并使它发挥应有的效应①；再次，需要建立保障机制维持协同的正常运行；最后，探究多元主体如何协同发展、运行并且能够动态调整，以保证深远海养殖高质量发展。因此，本文构建了如图2所示的协同机制。中国深远海养殖高质量发展协同机制包括协同动力机制、协同运行机制、协同保障机制和协同实现机制。

协同动力机制是其他子机制的基础，推动其他子机制的运行。协同运行机制是协同机制的核心，决定了深远海养殖的利益相关者如何开展协同工作，各利益主体以高质量发展为目标，有效整合制度、资金和技术等要素，从而优化深远海养殖的资源配置。协同保障机制是协同机制的必备条件，通过内部利益协调和外部资源保障维护系统主体协同秩

① 刘萍：《城市社区多元协同治理实现机制研究》，硕士学位论文，电子科技大学，2020。

序，并促进协同实现机制发挥作用。协同实现机制是协同机制的重要组成部分，各利益相关者联合行动实现深远海养殖高质量发展目标。

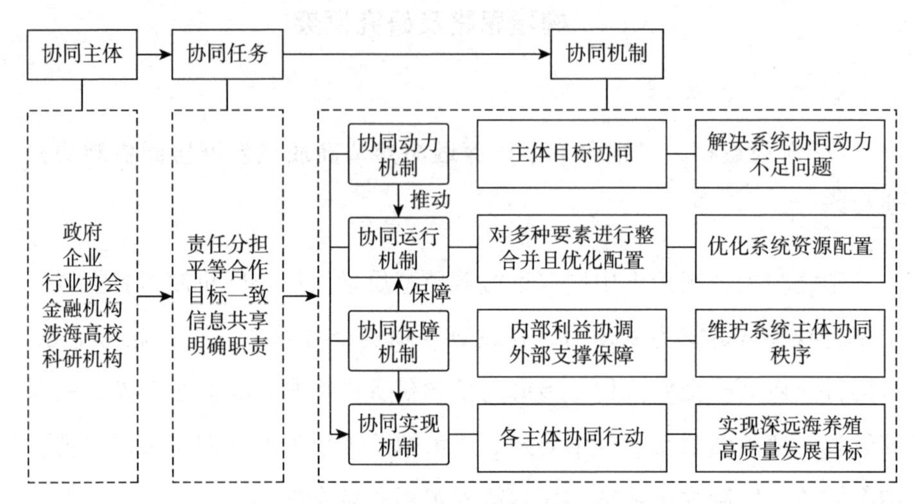

图 2　中国深远海养殖高质量发展协同机制的构建思路

（二）利益相关者视角下中国深远海养殖高质量发展协同机制的研究框架

利益相关者视角下中国深远海养殖高质量发展协同机制分为协同动力机制、协同运行机制、协同保障机制和协同实现机制四部分，机制之间相互联系、相互制约，并与利益相关者形成紧密的映射关系，共同推动中国深远海养殖高质量发展。

协同动力机制是指通过提高主体参与意识、强化利益联结等方式提高多元主体参与深远海养殖的积极性。协同运行机制是指深远海养殖产业系统中各个参与整体发展的不同利益相关者、多种要素之间相互影响的运作方式，各利益相关者在整个协同过程中各环节的运行机理、相关制度安排和作用方式等①，具体指深远海养殖的利益相关者在制度、技

① 柳絮：《山东省智慧健身产业多元主体协同发展模式及运行机制研究》，硕士学位论文，山东大学，2020。

术和资金上如何协同。协同保障机制是协同机制的必备条件，其目的是保障主体的协同秩序。深远海养殖的协同保障机制主要包括两方面：内部利益协调和外部资源保障。协同实现机制指的是深远海养殖的利益相关者在功能定位的基础上，密切联系，协调行动。由政府主导，企业、行业协会、金融机构、涉海高校和科研机构等利益相关者相互沟通、相互协作，共同参与深远海养殖。在此过程中，强调多元主体的共同参与，通过相应的法律法规和制度体系来规范和保障多元主体的地位与协同行为。这四个方面相互联系并相互制约，构成了中国深远海养殖高质量发展协同机制（见图3）。

三　利益相关者视角下中国深远海养殖高质量发展协同机制分析

（一）协同动力机制

深远海养殖的利益相关者协同的目标是通过对多种要素进行整合并优化配置，进而实现“1+1>2”的效果，即实现总体效益最大化。实现总体效益最大化，是促进深远海养殖的各利益相关者协同的动力机制。协同动力机制作为协同机制的基础，通过强化利益联结，推动利益相关者参与协同治理活动并提高协同高质量发展效率。

这种动力机制由深远海养殖协同的整体动力机制和单个利益相关者的动力机制构成。整体动力机制是指利益相关者之间明确各自的功能定位，相互协调，在深远海养殖中各司其职，形成优势互补的合力，从而提高治理效能。单个利益相关者的动力机制是指单个主体通过和其他主体相互协作，可以更客观地了解深远海养殖发展情况，对自身功能有更明确的定位，从而最大化发挥自身优势。

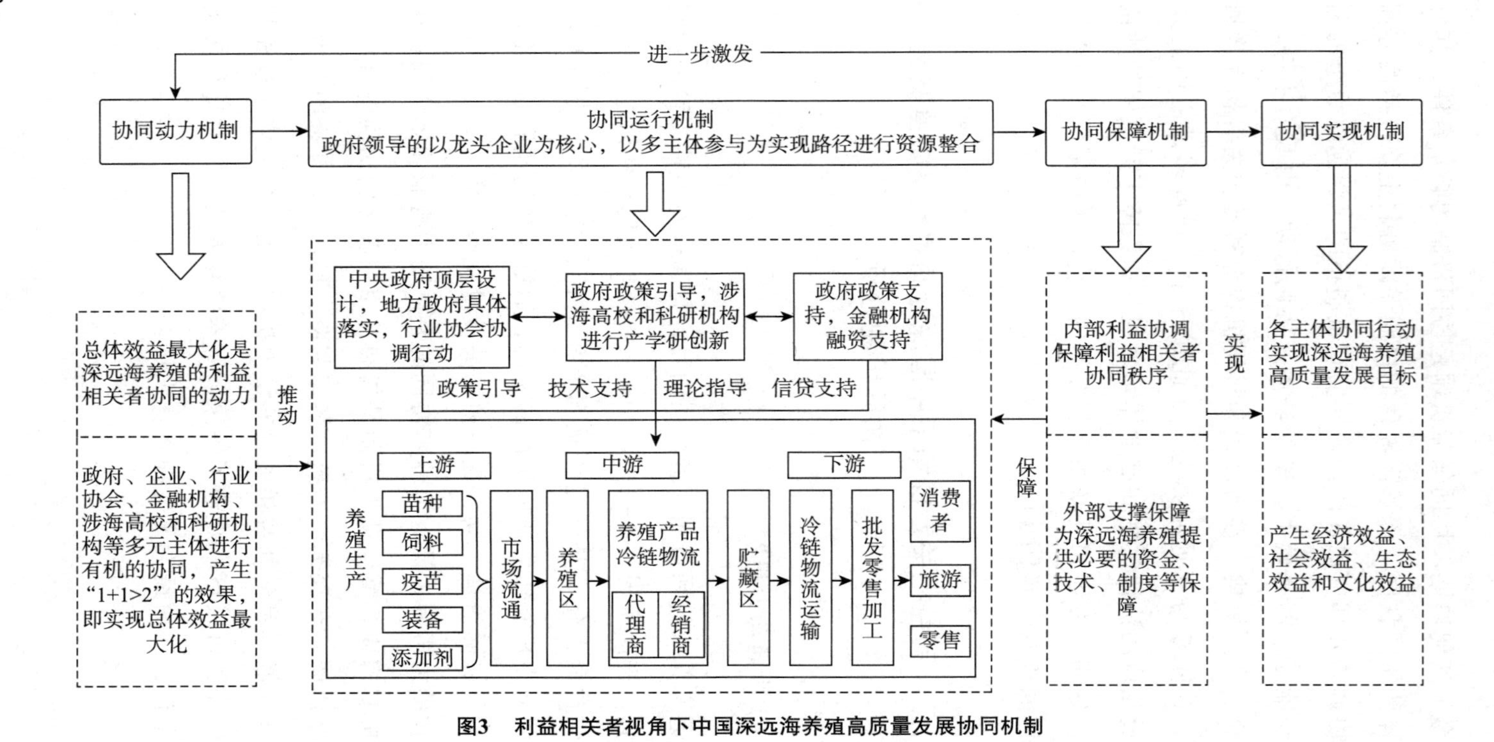

图3 利益相关者视角下中国深远海养殖高质量发展协同机制

（二）协同运行机制

1. 制度协同机制

制度协同机制强调政府、行业协会和企业在制度上的协调配合，其中政府处于领导层，行业协会处于协调层，产业链上下游企业处于行动层。

政府以法令的形式来规范和保障深远海养殖的可持续发展。各级渔业部门颁布相关的政策合理规划深远海养殖功能区，完善配套产业链，优化深远海养殖格局①；生态环境部等部门颁布相关法规推进水产养殖业绿色发展；农业农村部授权地方政府为符合条件的企业办理养殖许可证，规范企业养殖行为②。行业协会组织各类专业性论坛和研讨会，助力企业了解市场走势，为政府部门提供政策建议，进而为深远海养殖高质量发展贡献力量。政府可以通过行业协会向深远海养殖企业宣传相关政策，同时更好地了解企业养殖现状以便于动态调整相关政策文件。

在政府的指导和行业协会的支持下，产业链上中下游企业建立长期合作关系，通过产业分工体系协调系统成员间的合作，规范养殖成员间的合作行为。对于上游企业而言，通过规范渔业农民专业合作社建设，提高上游养殖户在深远海高端养殖、苗种繁育、饲料、疫苗、添加剂等方面的专业水平。对于下游辅助性环节来说，通过大力培育配套产业新兴企业，壮大传统经营主体实力；鼓励渔民入股组建休闲渔业专业合作社，探索组建多部门参与的休闲渔业协调组织。中游养殖企业提质增效，满足消费者的多样化需求。此外，行业协会引导不同环节产业主体优化交易或联结方式，降低交易成本，形成各主体共同推动产业链延伸和升级的局面。

---

① 徐皓、刘晃、徐琰斐：《我国深远海养殖发展现状与展望》，《中国水产》2021 年第 6 期。

② 徐杰、韩立民、张莹：《我国深远海养殖的产业特征及其政策支持》，《中国渔业经济》2021 年第 1 期。

2. 技术协同机制

技术协同机制强调政府、企业、涉海高校和科研机构在技术研发和成果转化中的协同，其中，政府（科技主管部门）处于技术支持端，涉海高校和科研机构处于技术研发端，深远海养殖主导企业处于技术应用端。

支持端以政府为主体，主要职能是为深远海养殖创新活动提供资金支持和制度保障。在资金支持方面，政府通过提供深远海养殖产业发展专项基金支持，缓解企业资金压力，使核心企业将资金集中投入技术研发、设备更新等活动中。同时，沿海各级政府把海洋渔业发展纳入当地经济和社会发展规划，各类科技立项向深远海养殖倾斜，激励涉海高校和科研机构的高等人才申报项目，带动涉海高校和科研机构的研发积极性。在制度保障方面，政府通过完善相关知识产权保护制度，保障各主体知识产权安全，从根本上为涉海高校和科研机构的创新活动提供动力。①

研发端的主体是涉海高校和科研机构，主要职能是基于优质海水鱼类养殖技术、智能化装备、产业链延伸等关键问题，组建高水平人才队伍进行技术攻关。涉海高校可以通过开设相关课程，加强深远海养殖相关知识的宣传教育；科研机构可以立足国家创新战略，积极对接企业，联合开展深远海养殖平台的研发设计、建造和示范运行。

应用端的主体是深远海养殖企业，主要职能是实现深远海养殖相关技术和成果的转化。企业从两方面提升科技成果的转化率：一是通过召开技术研讨会等形式向科研机构阐明技术需求，实现与科研主体之间信息的有效传达，以便进行精准研发；二是组建公司技术研发团队，与涉海高校和科研机构形成战略伙伴关系，及时检验最新成果的精准性。

① 万骁乐、李茜茜、杜元伟：《“技术—融资”双元驱动下海洋牧场多主体价值共创机制研究》，《中国软科学》2022年第4期。

3. 资金协同机制

资金协同机制强调政府、企业和金融机构在资金供给上的协同，其中，政府（财政部门）处于资金保障端，金融机构处于资金供给端，深远海养殖主导企业处于资金应用端。

保障端以政府为主体，政府资金是缓解深远海养殖资金压力、完善深远海养殖智能化装备建设的重要保障性资金，能够有效带动其他资本投入。政府可以通过设立专项资金和渔业发展补助资金、进行股权投资等方式支持深远海养殖企业发展。供给端以金融机构为主体，金融机构信贷资金是深远海养殖发展的主要资金来源之一。国家政策性银行及专门基金可以通过加大货币信贷支持力度、给予中长期政策性贷款和推动融资租赁等来缓解深远海养殖企业的资金短缺问题；沿海省市商业银行通过及时对接政府重点支持的企业和项目，提供融资等支持。应用端以企业为主体，企业主体将资金投入智能化养殖设备、市场推广等领域，积极进行深远海养殖探索。

协同运行机制促使协同主体围绕共性目标，使协同要素相互作用，满足各个主体的利益需求，激发和稳定协同主体间的合作（见图4）。

（三）协同保障机制

1. 内部利益协调机制

内部利益协调机制主要包括主体利益诉求的有效表达和综合利益的合理分配。利益表达机制，指的是深远海养殖的各个利益主体有效表达自己的诉求，从而影响公共政策制定的过程。[①] 当其他利益主体有诉求时，会通过行业协会或者其他合法渠道反馈给政府，反馈可以采用“线上 + 线下”相结合的模式，政府根据利益主体的诉求动态调整深远海养殖产业发展规划。利益监督机制，指的是多元主体对深远海养殖的

---

① 周红云：《公共政策制定中公众的有效参与》，《人民论坛》2011 年第 2 期。

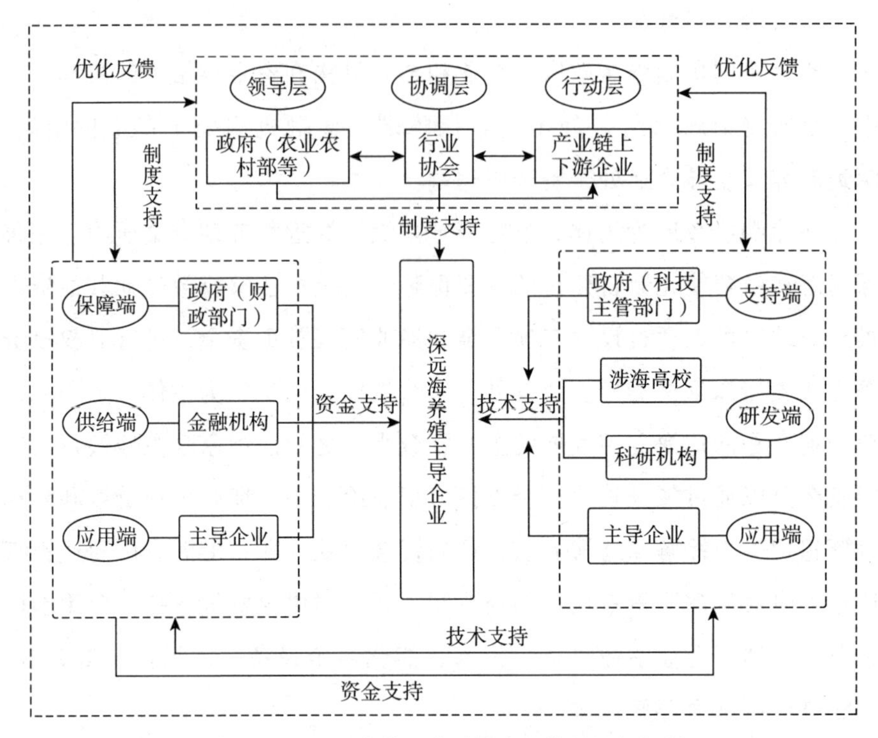

图4　中国深远海养殖高质量发展协同运行机制

综合利益分配进行有效监督，公平的利益分配能给各方带来增值效应，该效应能激发各利益相关者在协同中坚持优势互补，树立全局意识，追求协同关系的稳定，以期实现整体效益最大化。

2. 外部资源保障机制

外部资源保障机制主要包括制度保障、资金保障和技术保障。首先，制度保障是深远海养殖高质量发展的基石。从国内层面而言，加快制定深远海养殖总体规划、技术标准以及污染防治、工作环境、鱼类疾病防控、水产品质量控制等领域的法律法规，尽快出台深远海开发保护条例，推动深远海养殖制度体系建设。从国际层面而言，健全海域使用、海洋空间规划等制度。其次，深远海养殖是高投入、高科技的海洋工程化、海洋工厂化养殖模式，因此资金和技术支撑是深远海养殖高质量发展的必要支撑。政府将各类科技立项向深远海养殖倾斜，同时加大对科研机构的支持力度，依托科技研究中心、科研院所、高校等开展深远海养殖平台的研发与应用，努力实现水产养殖装备工程化、技术精准化、生产集约化和管理智能化。此外，依托政府、金融机构和企业的协调配合，构建多渠道、多层次的资金供给机制，为深远海养殖注入资金动能。

（四）协同实现机制

中央政府根据深远海养殖发展现状和发展需要制定产业发展规划，地方政府具体落实相关政策，行业协会协调行业内各方面关系，搭建信息平台，促进合作交流。涉海高校和科研机构作为技术保障的重要主体，在政府的指导下与金融机构协调合作，为养殖企业提供技术和资金支持。深远海养殖上下游企业在制度保障层、技术保障层和资金保障层的作用下协调合作，促进产业链的延伸发展。各利益相关者在协同机制的作用下，缓和利益冲突，协调促进深远海养殖高质量发展，产生经济、社会、生态和文化效益，并进一步激发主体协同意识。

四　协同机制的案例应用：以“黄海冷水团绿色高效养鱼项目”为例

（一）案例选择的依据

本文选取“黄海冷水团绿色高效养鱼项目”作为案例研究对象。案例选择的依据在于三个方面。一是作为国家“蓝色粮仓科技创新”和山东省现代化海洋牧场建设综合试点重点项目，黄海冷水团的三文鱼养殖项目开启了中国深远海养殖的新征程，开创了世界温暖海域养殖三文鱼的先河。该项目的创新经验与模式能够为其他深远海养殖项目提供一般性启发。二是该项目在适养种类选择、苗种繁育、病害防治、饲料研发、装备设计等方面初步形成了一整套技术体系。以该项目为案例研究对象，一方面有足够的代表性和影响力，另一方面能够为其他深远海养殖项目优化养殖方式、加快蓝色粮仓建设提供参考，满足案例选择的典型性要求。三是该项目涉及多个利益主体，应用政府主导、多元主体参与的运作模式，在深远海养殖方面做了探索和突破，具有很好的研究代表性。

（二）“黄海冷水团绿色高效养鱼项目”的协同机制分析

1.“黄海冷水团绿色高效养鱼项目”的协同动力机制

协同产生的综合效益是黄海冷水团项目的利益相关者协同的主要动力。政府、企业、金融机构、涉海高校和科研机构等利益相关者协同的动力主要来源于三方面。第一，该项目是日照市和青岛市深入贯彻习近平总书记海洋强国战略思想，牢牢把握习近平总书记对山东工作的重要指示要求，认真落实政府提出的相关政策文件的创新实践，该项目的发展能产生巨大社会效益；第二，黄海冷水团的开发具有支撑“千亿元产值”的海洋冷水鱼养殖绿色产业的条件，黄海冷水团的养殖水产品有销售价格明显高于近岸养殖产品和养殖成本相对较低的优势，经济效益十分显著[①]；第三，其他辅助主体参与该项目的研发设计和资金支持能产生经济社会效益和社会环境效益，提高自身影响力和社会认可度。

2.“黄海冷水团绿色高效养鱼项目”的协同运行机制

协同运行机制是指该项目的利益相关者如何通过对制度、技术和资金的协同来优化资源配置。首先，山东省政府颁布相关政策推动该项目的发展，引导产业链上下游企业协调合作，通过“企业+合作社+农户”的三元主体协同养殖模式，实现了优质鱼苗供应和山区农

① 韩立民、郭永超、董双林：《开发黄海冷水团　建立国家离岸养殖试验区的研究》，《太平洋学报》2016年第5期。

民增收，带动了鱼类苗种繁育、饲料、疫苗、养殖装备制造、加工物流、文旅餐饮等完整产业链的融合发展，成为通贯三产的新业态。其次，日照市政府把握这一项目的巨大发展机遇，引进中国海洋大学董双林技术团队，整合山东省海洋生物研究院、日照市万泽丰渔业有限公司人才智力资源，成立了研发创新团队，在资金、出海口、养殖用海等方面提供政策支持。此外，中国海洋大学、湖北海洋工程装备研究院和日照市万泽丰渔业有限公司协同建造了中国第一个全潜式深远海养殖网箱“深蓝一号”，满足黄海冷水团三文鱼规模化养殖的需要。最后，为保障黄海冷水团绿色规模化养殖项目的顺利实施，山东省政府、中国农业发展银行山东省分行与青岛市分行和企业协调配合，通过设立专项资金、提供融资贷款、成立合资公司等方式促进资金的顺利流转。

3. “黄海冷水团绿色高效养鱼项目”的协同保障机制

协同保障机制主要包括制度保障、技术保障和资金保障。在制度保障方面，山东省海洋与渔业厅把该项目列入山东省“海上粮仓”重点建设项目[①]，山东省多部门联合印发政策文件鼓励开展黄海冷水团等深远海渔场建设，优化水产养殖业生产空间布局[②]。在技术保障方面，一是黄海冷水团三文鱼绿色养殖产业构建了以企业为主体、市场为导向、“政产学研金服用”深度融合的技术创新体系[③]，攻克了冷水团养殖技术难题；二是为实现规模化养殖，高校、科研机构联合深远海养殖相关企业建造了中国首个全潜式大型网箱“深蓝一号”，突破了总体设计、沉浮控制、鲨鱼防护等多项核心技术[④]。在资金保障方面，山东省

① 谢华平、李峰、马群等：《深远海养殖：经营“海洋主权”　打造“海上粮仓”》，中宣部城乡统筹发展研究中心（2019）城乡发展要情汇编，2020。

② 《山东省加快推进水产养殖业绿色发展实施方案》。

③ 谢华平、李峰、马群等：《深远海养殖：经营“海洋主权”　打造“海上粮仓”》，中宣部城乡统筹发展研究中心（2019）城乡发展要情汇编，2020。

④ 王雪、郝凌峰：《我国首批深远海三文鱼规模化养殖成功收鱼》，《农民日报》2021 年 8 月 14 日，第 6 版。

海洋与渔业厅争取省级股权投资引导基金参股设立“海上粮仓”建设投资基金[①]；中国农业发展银行山东省分行和青岛市分行给予其贷款授信支持；青岛西海岸新区国有资本与万泽丰成立了合资公司，共同推进冷水团三文鱼项目[②]。

4. “黄海冷水团绿色高效养鱼项目”的协同实现机制

西海岸新区对试验区开发建设秉承统一规划、统一管理、统一运营的建设理念，探索建立政府监管、企业主导运营、专家参与指导的管理体系，并制定了“1 个规划 +4 个办法”。[③] 管理体系的出台，为推动试验区深远海养殖产业化和可持续发展提供了科学指导和有力支撑，将有效推动现代渔业产业体系的创新发展。

综上所述，得到如图 5 所示的“黄海冷水团绿色高效养鱼项目”的协同机制。

案例应用结果表明，“黄海冷水团绿色高效养鱼项目”的主体分工明确，各主体较好地实现了制度、资金和技术的协同，探索建立了政府监管、企业主导运营、专家参与指导的管理体系，有力地推动了深远海养殖的产业化和可持续发展。

该项目管理体系不断规范，体现了以政府为主导的多主体参与的协同机制，为深远海养殖企业提供制度、技术和资金支持，但主体协同能力还需提升。基于深远海养殖高质量发展的目标，本文对完善利益主体协同机制提出以下建议。第一，中央政府应加强深远海养殖的顶层设计，地方政府应协同配合以实现制度的优化。第二，构建政府、企业和金融机构多方共同承担的资金保障机制，创新金融服务项目。第三，通

---

① 《山东省“海上粮仓”建设规划（2015—2020 年）》。

② 王雪、郝凌峰：《我国首批深远海三文鱼规模化养殖成功收鱼》，《农民日报》2021 年 8 月 14 日，第 6 版。

③ 《国产深远海三文鱼再获丰收 青岛西海岸新区经略海洋再迈坚实步伐》，https://sd.chinadaily.com.cn/a/202206/09/WS62a15703a3101c3ee7ad9a76.html，最后访问日期：2022 年 6 月 9 日。

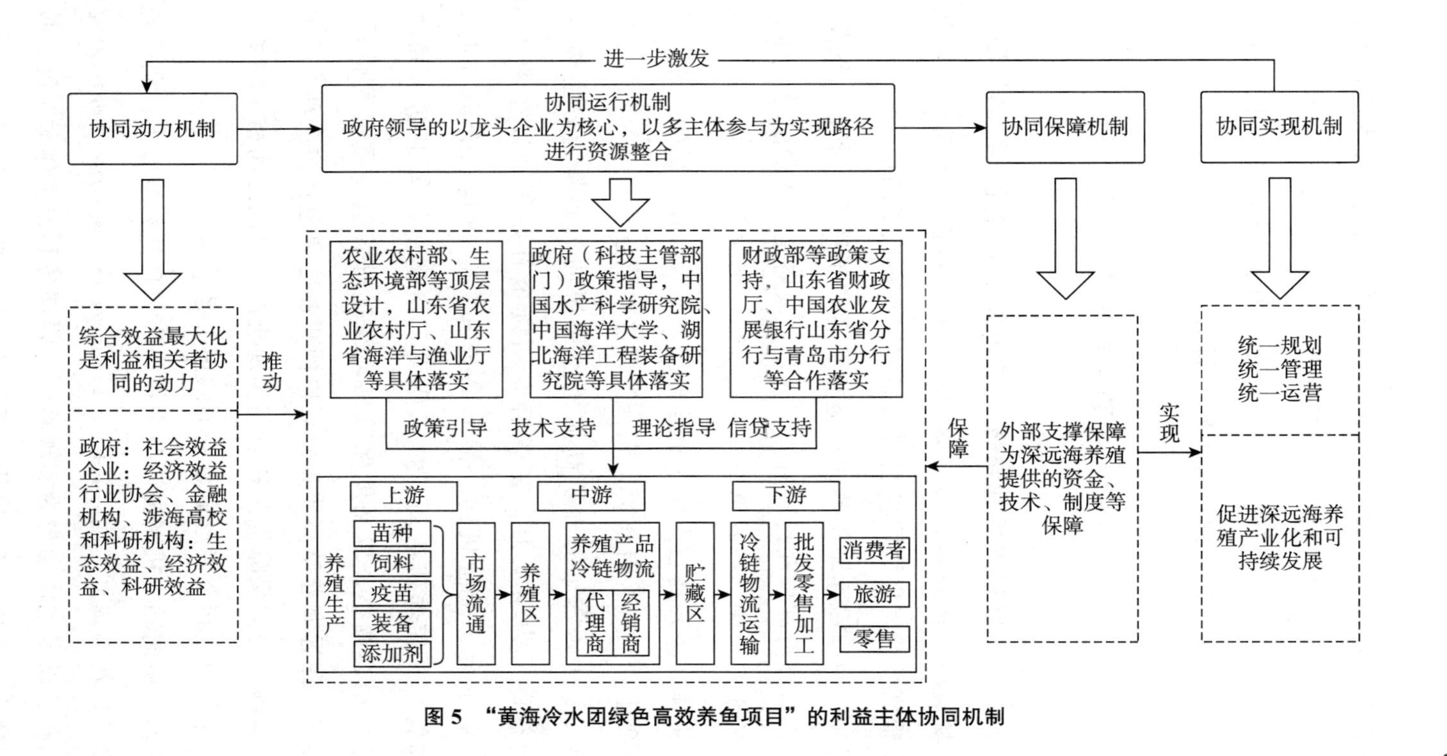

图 5 “黄海冷水团绿色高效养鱼项目”的利益主体协同机制

过政府资金的投入、知识产权保护方案的制定和国外技术的引进，优化技术保障机制。第四，积极延伸产业链条，构建以纵向一体化为主的混合式深远海养殖产业链机制。第五，完善利益主体表达和监督机制，维护主体协同秩序，保障深远海养殖的高效发展。

五　主要研究结论

本文基于利益相关者视角按照“相关主体界定—协同机制分析—典型区域应用”的逻辑，以“驱动—运行—保障—实现”为框架对深远海养殖高质量发展协同机制展开研究，得出以下结论。

第一，中国深远海养殖的利益相关者包括政府、企业、行业协会、金融机构、涉海高校和科研机构。其中，政府是重要的引导主体，企业是核心的实践主体，行业协会、金融机构、涉海高校和科研机构是关键的辅助主体。多元利益主体在责任分担、平等合作、目标一致、信息共享的基础上，明确各自权责，充分发挥协同效益。

第二，中国深远海养殖高质量发展协同机制是指各主体以实现自身利益诉求为驱动力，在政府专项资金补贴下，以企业为主导，协同行业协会、金融机构、涉海高校和科研机构联合研究与开发、经营和管理，使养殖活动、技术研发、产销衔接等根据不同的现实情况进行动态调整，以制度保障推动深远海养殖高质量发展。

第三，深远海养殖高质量发展协同机制主要包括协同动力机制、协同运行机制、协同保障机制和协同实现机制，机制之间相互联系、相互制约，并与利益相关者形成紧密的映射关系。

第四，协同动力机制强调各主体为实现自身利益诉求，明确各自功能定位，相互协调，实现“1+1>2”的效果；协同运行机制以龙头企业为核心、以多主体参与为实现路径，强调各利益主体对制度、技术和资金的整合，通过有效协同优化系统的资源配置；协同保障机制通过内部利益协调和外部资源保障维护系统的协同秩序；协同实现机制强调各主体联合行动实现深远海养殖高质量发展的目标，进而产生经济、社会、生态和文化效益。

（责任编辑：鲁美妍）

生态文明制度视阈下推进南海海洋资源循环利用路径研究*

毛振鹏**

摘　要　南海拥有中国最广阔的海洋国土，海洋资源非常丰富。南海海洋资源开发须践行绿水青山就是金山银山的生态文明理念，推进南海海洋资源高效循环利用。当前，中国南海海洋资源开发利用主要呈现以下特征：一是南海海洋资源总量丰富，但开发效益不高，海岸带和近岸海域开发强度偏大；二是南海海域海岸线生态退化，半封闭型海湾及近岸海域生态环境压力较大；三是高密度养殖和过度捕捞导致近岸海域海洋生物多样性降低，海洋资源可持续利用面临挑战；四是溢油、危险化学品泄漏等事故防范形势严峻，海洋环境风险防控水平亟须提升。对此，本文提出如下建议：一是加快完善南海海洋资源循环高效利用的制度安排，积极探索促进生产发展、生活富裕、生态良好的海洋生态文明实现模式；二是坚决做到节约优先、保护优先、自然恢复为主，依法依规推进南海海洋资源循环高效利用；三是确保最严格的海洋生态环境保护制度落实到位，大力推进南海海洋污染防治和生态资源修复；四是建立统一高效的南海海洋生态环境监管体系。

关键词　中国南海　海洋资源　循环利用　生态文明　海洋环境保护

当前，中国经济社会发展面临的资源环境约束正在不断强化。循环高效地开发海洋资源，是突破经济社会发展瓶颈的重要手段。[①] 党的二十大报告提出，推动绿色发展，促进人与自然和谐共生。这就为

---

* 本文系青岛市双百调研课题“加快蓝色药库发展研究”（2023－B－019）的主要研究成果。

** 毛振鹏，博士，中共青岛市委党校（青岛行政学院）管理学教研部副主任、副教授，主要研究方向：经济管理学。

① 赵丹丹：《循环经济发展中的政府作用及效率评价》，博士学位论文，辽宁大学，2018。

习近平生态文明思想，特别是“两山”理念在海洋资源循环高效利用领域的实践指明了方向、明确了要求。南海拥有中国最广阔的海洋国土，海洋资源非常丰富，在海洋强国建设中的地位非常重要。[①] 南海海洋资源开发须要践行绿水青山就是金山银山的生态文明理念，坚持和完善南海海洋生态环境保护和海洋资源循环高效利用的制度体系，促进南海生态治理水平提升与海洋资源高效循环利用，促进海洋经济可持续发展。

一　中国南海海洋资源开发利用的现状与问题

目前，中国南海海洋资源开发面临一系列环境生态问题的约束，已经影响到沿海省市海洋经济的可持续发展。推进南海海洋资源循环高效利用，加快海洋经济转型升级，是突破资源环境瓶颈制约、推进海洋经济可持续发展的有效途径。[②]

（一）南海海洋资源总量丰富，但开发效益不高，海岸带和近岸海域开发强度偏大

中国南海海域面积十分广阔，大陆海岸线长5800多公里，沿海地区包括广东、广西、海南和台湾等省份。南海海域岸线曲折、岬角众多，拥有很多适合建设港口的深水岸线和砂质泥质海滩。其中，砂质海滩多被开辟为海水浴场，泥质海滩多作为水产养殖区。宜港岸段大规模建设商港、修造船厂、筑港施工单位的工业港、渔港、公务船港、轮渡和旅游码头，工业化、城市化开发程度比较高。其中，珠三角、北部湾、海南岛沿海等地已成为中国开发强度最大、岸线占用最多的区域。

① 李聆群：《南海问题与大变局中的海上挑战》，《南京大学学报》（哲学·人文科学·社会科学）2019年第5期。

② 王树欣：《基于循环经济的浙江海洋经济发展对策》，《环境保护与循环经济》2009年第8期。

南海海域海洋资源开发总体效益不高，海岸带和近岸海域开发强度偏大。例如，宜港岸段和非宜港岸段都在建设港口。改革开放40多年来，华南地区外向型经济有了突飞猛进的发展，港口物流产业也随之迅速发展，华南地区大规模开工建设了很多物流港口。一些并不适合建设港口的岸线也建设了海洋港口，基本上是一城一港，低水平重复竞争现象较为普遍。近年来，中国外向型经济发展放缓，南海海域港口普遍"吃不饱"，许多港口运营困难。在当前形势下，港口要扩大经营规模，就必须向上下游产业让渡更多的价值，成本很高，发展效益亟待提高。同时，华南地区大规模海洋工程建设也导致南海部分近海海域水动力环境遭到破坏，局部海域生态平衡受到影响。由于湿地修复、岸线整治、生物保育等生态环保项目建设滞后，中国南海近岸海域生态环境保护基础设施建设缓慢，很多岸线、海滩和海域被永久性占用和改变，中国境内南海海域原生态自然岸线已经越来越少。

（二）南海海域海岸线生态退化，半封闭型海湾及近岸海域生态环境压力较大

由于经济社会发展需要，华南沿海地区濒海工程不断增多，导致很多半封闭型海湾的面积不断缩小，天然海岸线不断消失，海湾纳潮量减少，水动力强度减弱，海洋自净能力降低。南海很多近岸海岛开发利用局限于养殖和低端旅游，经济效益低，且部分岛屿因高密度养殖和污水处理能力不足，周边水环境质量不容乐观。

（三）高密度养殖和过度捕捞导致近岸海域海洋生物多样性降低，海洋资源可持续利用面临挑战

目前，中国南海近岸海域同时存在过度捕捞和牡蛎、扇贝、贻贝等高密度养殖的现象，导致海水富营养化问题凸显，生物群落结构趋向简化，耐污生物种类增多。同时，中国南海海域浅海区域潮间带、河口和

滞洪区等海洋湿地普遍受到不同程度的破坏，其中栖息的自然生物种类数量迅速减少，生态服务功能明显减弱。这会导致人工养殖品种的近亲繁殖，养殖品种退化和品质下降，抵御自然灾害的能力降低，给渔民生产也造成很大影响。[①]

（四）溢油、危险化学品泄漏等事故防范形势严峻，海洋环境风险防控水平亟须提升

基于加快发展的需要，华南地区沿海城市建设了一些生产、使用危险化学品的企业园区和原油、成品油、液体化工码头泊位。绝大多数生产经营设施是严格按照安全生产要求建设的，设施运行是安全可靠的，但是一旦在生产、运输过程中发生事故，将对南海生态环境和居民生活、工农业生产造成严重影响。所以，提升海洋环境风险防控水平，杜绝溢油、危险化学品泄漏等事故刻不容缓。

二　中国南海海洋资源开发向循环利用型转变的路径选择

为加快南海海洋资源开发向循环利用型转变，中国应当立足南海生态资源容量和环境承载能力，建立健全南海资源开发的硬约束机制，谋求海洋经济循环发展。[②] 在坚持“深化改革、责权一致，陆海统筹、科学规划，保护优先、永续利用”原则的基础上，走资源节约型、环境友好型海洋资源循环利用之路，实现经济发展和生态功能保护协同推进，实现共赢。[③]

---

① S. Yann-Huei, “A Marine Biodiversity Project in the South China Sea: Joint Efforts Made in the SCS Workshop Process,” *The International Journal of Marine and Coastal Law* 26 (2011): 121.

② 王方方、谢健：《南海区海洋经济与环境可持续发展比较研究——基于 2006 ~ 2015 年面板数据实证分析》，《海洋开发与管理》2019 年第 9 期。

③ 姚莹：《“人类命运共同体”视域下南海海洋保护区建设：现实需要、理论驱动与中国因应》，《广西大学学报》（哲学社会科学版）2019 年第 4 期。

（一）加快完善南海海洋资源循环高效利用的制度安排

推进中国南海资源循环高效利用，应当着力建立健全海洋资源循环高效利用的制度安排，健全海洋资源环境产权制度，制定和完善促进海洋资源集约利用的政策体系。一是完善以海洋治理法律法规为基础的海洋治理与经济发展体系。研究制定《海洋法》或《海洋经济发展促进法》等海洋资源开发与保护的综合性法律法规，推进海洋经济协调发展。根据习近平生态文明思想的最新要求与海洋生态保护和资源循环利用的现实需要，修改和完善《中华人民共和国海洋环境保护法》《中华人民共和国海岛保护法》《中华人民共和国海域使用管理法》。鉴于海岸带是开展海洋经济活动的主要海洋空间资源，本文建议推动有关海岸带保护与利用的立法工作。二是基于南海生态环境容量，以海洋资源循环利用为逻辑起点，优化完善基于以海定陆、海陆统筹基本原则的南海海洋经济综合管理体制。完善南海海洋资源开发利用的监督和保护机制，推进南海海洋功能区划制定、海岸带和海岛资源利用与保护以及陆源污染、溢油污染防治等体制机制建设等。三是推进南海海洋资源循环利用与生态环境保护统一规划、统一制定、统一实施，促进南海海洋空间资源的集约利用，维护南海海岸线资源的自然属性和公共属性，加强南海海洋资源保育、生态修复和污染防治。加快制定和完善覆盖中国整个南海海域的海洋生态文明建设规划、海岛保护规划、海岸带保护与开发规划、海湾保护总体规划、重点海域污染防治分区规划，为海洋资源循环利用提供系统有效的规划指导。四是搭建中央和中国南海沿岸各地区海洋管理和科研单位的合作平台，将引进和自主研发相结合，开展以中国南海为重点，面向太平洋、印度洋和中国海域的海湾水动力数模和物模研究、溢油预报模型研究等，为中远海区生态保护、资源利用和产业发展提供数据和技术支持。

（二）依法依规推进南海海洋资源循环高效利用

推进南海海洋资源循环利用，应当严格按照法律法规要求，加快建立健全中国南海海域及其潮间带空间规划和用途统筹协调管控制度，统筹划定落实海域生态保护红线，完善涉海主体功能区制度，推进南海海洋资源开发可持续发展。[①] 一是坚持陆海统筹，充分发挥南海沿岸地区在建设涉海主体功能区过程中的主动作用。根据资源环境承载力水平、现有开发强度和开发潜力，确定南海沿岸主体功能分区，并以此为开发依据，确定发展方向，制定配套政策，控制使用强度，规范开发秩序，构建经济发展、生态保护和资源循环利用相协调的南海海洋经济发展和资源利用格局。二是以港口资源整合为契机，推进南海宜港岸段资源的法治化管理。受外向型经济超常规发展的影响，南海沿岸地方港口建设和运营普遍存在粗放型发展的现象，港口运营效益不高。应当以港口整合为契机，严格落实中央环保督察要求和港口布局规划要求。经济发展配套好且港阔水深的基岩海岸线应采取集约化发展的思路，加快建设优良港口，着力扩大产能；经济发展配套良好但容易淤塞的岸线应限制建设港口，着力提升发展效益。滨海和岛屿生态保护区等应禁止开发建设。三是根据海洋资源稀缺水平、再生能力，充分论证和科学规划南海海洋产业发展、海洋生态保护和用海项目及建设时序，提高南海海洋资源开发和循环利用的整体效益。四是在完善海洋资源保护利用制度的前提下，结合“放管服”改革，协调上级把部分涉海项目的审批、许可、备案等相关权限下放或委托给地级市，实现依法管海、科学用海，使保护性开发等领域权责一致。

---

① 杨潇、孙瑞杰、姚荔：《海洋主体功能区制度：内涵、特征与框架》，《生态经济》2018年第8期。

（三）大力推进南海海洋污染防治和生态资源修复

开发利用南海海洋资源一定要实行最严格的生态环境保护制度。坚持人与海洋和谐共生，坚守尊重海洋、顺应海洋、保护海洋原则，健全源头预防、过程控制、损害赔偿、责任追究的南海生态环境保护体系。一是建设动态的南海海洋资源与生态数据库，并以此数据库为基础，完善海洋污染、海洋生态情况调查机制。支持高等院校和科研院所开展针对南海现实需求的海洋科技研究，引入新技术、新材料、新能源应用于南海污染防治和生态修复。重点探索潮间带生态修复、湿地保育等新技术，探索构建集保护、利用于一体的南海海洋空间循环利用模式标准。二是严格控制污染物排入南海。严格实施南海环境影响评价，依法从严审批南海沿岸海洋工程项目建设，落实项目建设和投产运营的海洋生态环境保护措施，并实行全过程管理，杜绝在南海沿岸新建环境污染项目。采取切实举措开展现有污染源治理和监管，逐步实现临海产业和其他陆源污染物的限量、限种类排放，加快建设近岸海域污水集中处理设施，提升污染处理能力。三是由各个涉海部门协同制定南海溢油及危险化工产品污染事故与海上重大污染事故等方面的应急处置预案，着力提升重大海洋污染事故应急处置能力，完善各类风险防控体系。四是建立南海海洋环境联合监管和预警机制。提升南海沿岸港口码头污染物接收处置能力，加强南海海域污染源监管整治，清理非法养殖场，严厉打击船舶倾废，在中国南海海域形成监管合力。

（四）建立统一高效的南海海洋生态环境监管体系

推进南海海洋资源循环高效利用应当建立和完善南海海洋生态文明建设目标评价考核制度，严明南海海域的海洋生态环境保护责任，强化南海及其沿岸陆域的海洋环境保护、海洋资源管控、节能减排等约束性指标管理，严格落实南海沿岸企业主体责任和政府监管责任。一是理顺中国南海海域海洋生态环境管理体系，对海陆环境实施统一监督管理，统筹协调重点流域、区域、海域污染防治工作，实现海陆统一规划管理。进一步加大对南海海域海洋生态环境保护的政府投入，将南海海域海洋环境保护与生态建设资金列入同级政府预算。二是加强国家和地方各个层面的海洋管理和海洋科研单位的联系与合作，充分利用现有信息资源和科研成果，开展以中国南海为重点、覆盖印度洋和西太平洋的海湾水动力数模和物模研究、溢油预报模型研究等，为中远海利用、保护和综合决策提供科学依据。三是充分利用国内外资源打造南海海洋科学城，引进国外海洋科研和技术创新成果，规划建设国家南海海洋科技示范基地，为推动南海海洋经济发展和生态环境保护提供数据和技术支持。四是建立南海海域、入海河流及直排海企业的环境监测、评价、应急预报等系统和数据库，加强中国南海环境监管机构和队伍建设，依托现有监测机构，充实监测队伍，提升南海近岸海域水环境自动监测能力，分期分批在中国南海进行布点建设，进一步打牢南海海洋监测基础。

综上所述，南海海洋资源开发应坚持节约海洋资源和保护海洋生态环境的基本要求，坚持以节约优先、保护优先、自然恢复为主的方针，实行最严格的南海海洋生态环境保护制度，全面建立南海海洋资源高效利用体系，健全南海海洋生态保护和修复机制，严明南海海洋生态环境保护责任制度，推进南海海洋事业实现可持续发展。

（责任编辑：徐文玉）

· 海洋合作研究 ·

中国三大湾区经济国际化水平测度研究

——基于环渤海、环杭州湾、粤港澳大湾区的比较*

张宏远　陈一诺　朱彦如**

摘　要　随着中国对粤港澳大湾区、环杭州湾大湾区、环渤海大湾区发展重视程度的提升，湾区经济逐渐成为当前中国经济发展的重要引擎。本文构建了具有湾区特色的经济国际化指标体系，并运用熵值法对中国三个主要湾区经济国际化水平进行测度与比较研究。结果显示，三大湾区经济国际化水平在近十年呈现总体上升趋势，粤港澳大湾区处于绝对领先位置，应该从生产国际化、金融国际化、交通基础、投资国际化和创新基础五个方面着重发力来提升湾区经济国际化水平，从而为湾区进一步提升经济国际化水平提供理论支持和路径建议。

关键词　环渤海大湾区　环杭州湾大湾区　粤港澳大湾区　经济国际化　湾区经济

---

* 本文为江苏高校哲学社会科学研究重大项目“长三角更高质量一体化背景下江苏沿海产业链与创新链深度融合研究”（2021SJZDA023）、江苏省研究生科研与实践创新项目“我国主要湾区经济国际化水平比较研究”（KYCX2022－55）、2023年度江苏省大学生创新创业训练计划项目“全球海洋中心城市海洋经济高质量发展路径研究”（2021123060）的阶段性成果。

** 张宏远，博士，江苏海洋大学副教授，主要研究方向：区域创新与海洋经济。陈一诺，通讯作者，江苏海洋大学硕士研究生，主要研究方向：区域创新与海洋经济。朱彦如，江苏海洋大学本科生，主要研究方向：区域创新与海洋经济。

引 言

“21 世纪是海洋的世纪。”中国在海洋资源、海洋产业、海洋科技等方面具有突出优势，海洋是提升中国在世界经济格局中地位的关键要素。无论是“一带一路”倡议，还是大湾区的发展战略，都是海洋强国的不同表现形式。湾区指海湾及其内陆延伸地区，通常由一个或相连的多个海湾、港湾、邻近岛屿以及陆地区域共同组成。湾区凭借得天独厚的地理位置和海洋、海湾等优势资源，对推动国际经济交流、融入世界经济发挥着关键作用，是重要的滨海经济形态。世界银行统计数据显示，全球60%的经济贡献率集中在入海口区域，世界顶级城市群几乎都分布在湾区。湾区已成为带动全球经济发展升级的新的增长极，是一个国家经济实力的重要体现，也是与世界经济交流的重要枢纽。众所周知，世界三大超级湾区是纽约湾区、旧金山湾区、东京湾区。近年来，中国逐渐加大对湾区的发展力度，相关政策文件相继提出。从地区生产总值占比来看，环渤海大湾区、环杭州湾大湾区、粤港澳大湾区是中国的三大湾区，是中国沿海区域经济发展的重要带动力量。粤港澳大湾区既拥有广州、深圳、香港等科技创新中心城市，还拥有东莞、佛山、中山等制造业强市；环杭州湾大湾区以上海、杭州等城市为核心支撑，是中国最具竞争力、区域发展均衡、合作联动最好的地区；环渤海大湾区拥有北京、天津、青岛等经济中心城市，地域辽阔。

经济国际化是从一个国家或地区的角度出发，是该国或该地区经济与世界经济融合程度逐渐深化的过程。经济国际化可以使该国或该地区更加充分地利用自身资源，发挥比较优势，提高经济效率和国际竞争力，并通过国际经济活动的进行带动本国经济的发展，是区域经济发展过程中的重要引擎。

对于经济国际化的研究，相关的理论研究比较丰富，主要集中在经济国际化的现状、优势、模式和对策方面。其中也不乏对经济国际化的测度研究。一些重要的国际机构对世界各国经济国际化程度制定指标体系并进行测度。联合国贸发会议在2002年的《世界投资报告》中，提出利用外国直接投资绩效指数（Inward FDI Performance Index）和外国直接投资潜力指数（Inward FDI Potential Index）。利用外国直接投资绩效指数主要考察各经济体吸引外国投资的水平，为一国在全球外国直接投资流动中所占比例与该国在全球国内生产总值中所占比例的比值；利用外国直接投资潜力指数则旨在考察各经济体吸引外国直接投资的潜力，由12个变量构成，并且这12个变量具有相同的权重，包括人均GDP、过去10年的GDP增长率、出口额占GDP的比重、每千人有固定和移动电话数、人均能源消耗、研发支出占GDP的比重、具有本科学历者占总人口比重、国家奉献、自然资源出口在世界市场中的份额、汽车和电子产品的零部件进口在世界市场中的份额、服务业出口在世界市场中的份额以及吸引的外国直接投资占世界直接投资存量的比重。经合组织（OECD）于2005年发表了《衡量全球化：OECD经济全球化指标体系》，由外国直接投资、跨国公司的经济行为、国际技术贸易、贸易全球化4个方面衍生出的全球化程度衡量指标，对OECD成员国的经济全球化水平进行测算。该指标体系考虑了世界经济的各个方面，对经济全球化的指标选取具有很大参考价值。指标体系的设计是经济国际化测度的核心内容。关于经济国际化指标体系的研究，多是某一国家、省份或地区制定的综合性指标体系，针对湾区经济并具有湾区特色的指标还不多。因此，本文从湾区经济国际化水平指标分析出发，试图建立具有湾区经济特色的评价指标体系，同时以中国三大湾区为典型案例，展开测度分析和比较研究，从而为湾区进一步提升经济国际化水平提供理论支持和路径建议。

一 文献综述

（一）经济国际化评价

在经济国际化这一领域的研究比较丰富，主要集中在经济国际化的现状、内涵、影响机制、作用机理、演化路径、对策建议几个方面。在经济国际化评价方面，国家计委外经所课题组首次提出经济国际化的核心是资源配置的国际化，主要包括贸易国际化、资本国际化、生产国际化以及与此相适应的政策、体制和技术标准的国际化4个方面的6个指标。国家计委外经所课题组提出的经济国际化指标对之后的相关研究具有很强的指导意义，多数学者以国家计委外经所提出的观点为启发，从经济国际化的四大方面进行指标选取。学者仲晓东在国家计委外经所课题组提出的经济国际化四大方面的基础上，增加了金融方面的指标，并运用主成分赋权法对经济国际化水平进行打分。① 学者肖艳红等从贸易国际化、生产与投资国际化、技术创新国际化方面进行指标体系构建，采用模糊综合评价法对国际化水平进行打分。② 学者高艺荣从贸易国际化、资本国际化、金融国际化、生产技术国际化等方面构建经济国际化评价指标体系，分别利用因子分析法与信息熵法对京津冀三地和京津冀整体经济国际化水平进行对比评测。③ 学者尹杭婷从经济实力、对外开放和生态环境三个维度构建了适用于中国城市国际化评价的指标体系，并使用因子分析法对44个城市2016～2019年的综合国际化水平进行打分。④ 学者谌俊坤从货物贸易开放度、投资开放度、旅游开放度和金融

---

① 仲晓东：《建立我国经济国际化衡量指标体系再思考》，《生产力研究》2009年第18期。

② 肖艳红、张艳钊、于翠华：《区域经济国际化水平的综合评价》，《统计与决策》2014年第16期。

③ 高艺荣：《京津冀区域经济国际化发展程度探析》，硕士学位论文，河北大学，2017。

④ 尹杭婷：《我国城市国际化水平评价研究——以44个城市为例》，硕士学位论文，东南大学，2021。

开放度等方面进行指标体系构建，并通过主成分分析法测算出粤港澳大湾区的综合经济开放度。[①]

（二）湾区经济发展

通过梳理相关文献发现，在国际上，湾区经济还不是一个相对独立的研究领域，直接在题目中用湾区命名的文章较少，更多是从城市群（圈）、全球城市的角度对纽约、东京、旧金山进行研究。英文文献中直接以纽约湾区一词出现在题目中的几乎没有，对东京湾区经济的研究比较零散，对旧金山湾区经济的研究较多。纽约湾区的治理机构纽约新泽西港务局在纽约湾区一体化过程中发挥了关键作用。Goldstein 对纽约新泽西港务局的创立过程、组织与金融结构、公众控制方式等进行了研究。[②] Doig 系统分析了纽约新泽西港务局的历史演进过程、政治运作和开拓精神。[③] Rodrigue 对纽约新泽西港的历史变迁和转型进行研究，并系统总结了纽约新泽西港务局在纽约湾区区域治理中的成功经验。[④] 日本政府在战后认识到港湾对经济发展的重要性，制定和颁布了相关文件促进港湾区域的经济发展。1951 年日本政府颁布的《港湾法》，将全国港湾分为 4 类，即国际战略港湾、国际据点港湾、重要港湾和地方港湾，其中国际战略港湾包括东京湾区中的东京港、横滨港和川崎港。1967 年日本政府颁布的《东京湾港湾计划的基本构想》，对东京湾区的六大港口进行整合，发挥港口群的整体优势，以提升湾区内区域一体化程度和国际竞

---

① 谌俊坤：《粤港澳大湾区经济开放度及影响因素研究》，硕士学位论文，广东外语外贸大学，2019。

② S. Goldstein, "An Authority in Action—An Account of the Port of New York Authority and Its Recent Activity," *Law and Contemporary Problems* 4 (1961): 715 – 724.

③ J. W. Doig, "Expertise, Politics, and Technological Change: The Search for Mission at the Port of New York Authority," *Journal of the American Planning Association* 59 (1993): 31 – 44.

④ J. P. Rodrigue, "Appropriate Models of Port Governance: Lessons from the Port Authority of New York and New Jersey," in D. Pinder, B. Slack, eds., *Shipping and Ports in the Twenty-first Century* (London: Routledge, 2004), pp. 63 – 81.

争力。由于日本政府对发展东京湾港湾的重视和相关政策的颁布，对东京湾的研究也相对丰富。Okata 和 Murayama 对东京都市圈的发展历程、城市形态和可持续发展问题进行研究，分析了城市形态的多样性，并总结了城市环境治理方面的成功经验及城市可持续发展中面临的新挑战。[①] Shinohara 和 Saika 分析了日本港口（包括东京湾港口）的治理与合作，港口之间的协调、一体化等问题。[②] 旧金山湾区的经济转型和创新经济是学术界广泛关注的问题。Schafran 分析了旧金山湾区的结构转型问题。[③] Walker 对 1850～1940 年旧金山湾区制造业的郊区化发展历程进行分析。[④] Forman 等研究了 1976～2008 年旧金山湾区技术领域专利集聚的态势。[⑤]

国内学术界对于湾区经济的定义形成了一个比较统一的认知：湾区经济是港口城市都市圈依托港口、海湾和邻近海岛，发挥地理与资源优势的区域经济形态。对于湾区的研究，主要集中在对湾区的经济特征、演化规律、发展经验、政策路径的研究。虽然已有研究比较全面，但对湾区经济的认识与都市圈、城市群这两种经济形态的差别不大，并且主要为定性研究，定量研究比较少。在湾区经济特点方面，学者王宏彬认为湾区经济兼具开放性、集聚性和网络性等特点。[⑥] 学者叶芳认为，湾区是具有开放经济结构、高效资源配置能力、强大集聚外溢功能和发达国际交往网络特征的区域经济形态。[⑦] 学者马忠新和伍凤兰认为开放

---

① J. Okata, A. Murayama, *Tokyo's Urban Growth, Urban Form and Sustainability* (Springer, 2011).

② M. Shinohara, T. Saika, "Port Governance and Cooperation: The Case of Japan," *Research in Transportation Business & Management* 26 (2018): 56－66.

③ A. Schafran, "Origins of an Urban Crisis: The Restructuring of the San Francisco Bay Area and the Geography of Foreclosure," *International Journal of Urban and Regional Research* 37 (2013): 663－688.

④ R. Walker, "Industry Builds the City: The Suburbanization of Manufacturing in the San Francisco Bay Area, 1850－1940," *Journal of Historical Geography* 27 (2001): 36－57.

⑤ C. Forman, A. Goldfarb, S. Greenstein, "Agglomeration of Invention in the Bay Area: Not Just ICT," *American Economic Review* 106 (2016): 146－151.

⑥ 王宏彬：《湾区经济与中国实践》，《中国经济报告》2014 年第 11 期。

⑦ 叶芳：《大力发展湾区经济 提升海洋经济发展水平》，《中国海洋报》2017 年 8 月 2 日，第 2 版。

性、创新性、宜居性和国际化是湾区经济的重要特征。[①] 学者王旭阳和黄征学认为世界三大湾区有5个共同特点：拥有活力四射的产业集群、强劲持久的创新能力、高效便捷的交通网络、兼容并蓄的开放体系、政府市场的通力协作。[②] 学者倪外等分析了世界三大湾区的经济发展和形成过程，认为大湾区经济有6个特征：优越的地理条件与经济区位、具有全球引领和辐射能力强的全球城市作为中心、具有发达的港口和机场等构成的交通网络体系连接经济腹地和全球市场、优秀的科教资源、具有区域创新网络和文化多元包容。[③] 学者宋旭琴认为世界湾区城市群发展的空间结构有以下特点：一是依港而生的地理位置和得天独厚的自然条件；二是具有区域经济的支配地位；三是具有深度的科技与金融融合；四是具有发达的交通网络。[④]

二　湾区经济国际化指标体系的构建研究

湾区经济国际化指标体系不仅是湾区融入世界经济格局的衡量标准，而且对于湾区和国家经济高质量发展、提升经济地位具有重要的促进作用。因此，制定科学合理的指标体系是保证指标体系发挥作用的前提。本文在构建指标体系时，遵循以下原则。一是系统性原则。经济国际化指标体系是一个有机整体，指标体系内部存在一定的逻辑关系，需要注意指标的取舍、各指标之间的关联度及权重的设置。二是全面性原则。指标要尽可能全面地反映湾区经济国际化的全貌，从经济国际化基础和经济国际化实力等多个方面构建指标。三是可操作

① 马忠新、伍凤兰：《湾区经济表征及其开放机理发凡》，《改革》2016年第9期。

② 王旭阳、黄征学：《湾区发展：全球经验及对我国的建议》，《经济研究参考》2017年第24期。

③ 倪外、周诗画、魏祉瑜：《大湾区经济一体化发展研究——基于粤港澳大湾区的解析》，《上海经济研究》2020年第6期。

④ 宋旭琴：《世界湾区城市群的形成以及对我国建设湾区经济的启示》，《商业文化》2022年第18期。

性原则。从理论上讲，希望尽可能构建一个完美科学的指标体系以衡量湾区经济国际化水平，但在实际操作中，能够得到的数据资料比较有限，在保证指标反映全面内容的情况下采取各年鉴和统计资料中能够获取的指标。

在对国家计委外经所课题组对经济国际化的内涵与指标体系的理解基础上，同时考虑到湾区因独特地理位置具有相对于内陆城市更具吸引力的经济国际化环境，本文从经济国际化基础和经济国际化实力两个维度对湾区经济国际化水平进行测度。

（一）经济国际化基础

经济国际化基础关系着与其他国家进行经济活动的吸引力，影响国际经济活动的展开。由于本文是针对湾区设计经济国际化指标体系，在设计指标时需要重点结合湾区特点，特别是选择能反映其特征的指标。通过对有关湾区的文献学习，本文认为湾区是依托港口、海湾和邻近海岛，发挥区位优势和自然资源优势，具有高度开放经济结构、发达交通网络、领先创新能力、良好经济实力、优质居住环境的区域经济形态。从国际湾区的发展轨迹来看，三大世界级湾区分别以金融、科技创新、先进制造带动区域经济和全球经济，港口业、海洋产业、制造业、物流业都是比较重要的经济产业，湾区具有高度的开放性，表面上是产业发展水平的体现，深层次也隐含着国际经济合作情况。所以将湾区的经济特点和特色产业融入经济国际化基础方面，从经济基础、交通基础、生态基础、创新基础四个方面选取指标并进行评价。

（二）经济国际化实力

在对国家计委外经所课题组对经济国际化的概念界定和指标体系的理解基础上，本文认为经济国际化实力主要体现在生产国际化、贸易国际化、投资国际化、金融国际化四大方面，并从这四大方面对湾区经济国际化实力进行评价。

具体指标体系见表1。

表1　湾区经济国际化指标体系

一级指标	二级指标	三级指标
经济国际化基础	经济基础	X1：GDP
		X2：人均 GDP
		X3：第三产业占比
		X4：GOP
		X5：GOP 占 GDP 比重
		X6：海洋第三产业增加值占 GOP 比重
		X7：涉海企业数量
	交通基础	X8：沿海港口货物吞吐量
		X9：沿海港口集装箱吞吐量
		X10：国际机场数
	创新基础	X11：全社会 R&D 经费支出占 GDP 比重
		X12：专利申请授权数
		X13：高校数量
		X14：海洋科研机构科技课题数
	生态基础	X15：人均公园绿地面积
经济国际化实力	生产国际化	X16：外商投资企业数量
		X17：对外投资企业数量
	贸易国际化	X18：外贸依存度
		X19：进出口总额
	投资国际化	X20：对外直接投资额
		X21：外商直接投资额
		X22：外资依存度
	金融国际化	X23：外汇存款占存款总额的比重
		X24：外汇贷款占贷款总额的比重

三　数据处理和结果分析

（一）测算方法

本文为避免指标赋权的主观性，利用熵值法对各个指标进行客观赋权。熵值法是通过指标的离散程度来进行赋权的，指标的离散程度越小，系统越有序，携带的信息越多。具体步骤如下。

第一，指标选取：选取2011～2021年环渤海大湾区（北京市、天津市、石家庄市、唐山市、秦皇岛市、沧州市、沈阳市、大连市、营口市、锦州市、葫芦岛市、青岛市、济南市、烟台市、威海市、日照市共16个城市）、环杭州湾大湾区（杭州市、宁波市、嘉兴市、舟山市、绍兴市、湖州市、上海市共7个城市）、粤港澳大湾区（广州市、深圳市、珠海市、佛山市、江门市、肇庆市、惠州市、东莞市、中山市共9个城市及香港特别行政区、澳门特别行政区）24个指标的相关数据，构造矩阵 $X = X_{\lambda ij}$，$X_{\lambda ij}$表示 λ 年份第 i 个城市的第 j 项指标的指标值。

第二，指标无量纲化。对指标体系中各项指标进行极差标准化方法无量纲化处理：

$$Z_{\lambda ij} = \frac{X_{\lambda ij} - X_{\min}}{X_{\max} - X_{\min}}$$

其中，$j = 1, 2, 3, \cdots, n$，$i = 1, 2, 3, \cdots, m$，$Z_{\lambda ij}$为不同指标无量纲后的指标值。

第三，指标归一化处理：

$$P_{\lambda ij} = \frac{Z_{\lambda ij}}{\sum_{\lambda=1}^{h} \sum_{i=1}^{m} Z_{\lambda ij}}$$

第四，计算各指标的熵值：

$$E_j = -k\sum_{\lambda=1}^{h}\sum_{i=1}^{m}P_{\lambda ij}\ln P_{\lambda ij}$$

其中 $k = \frac{1}{\ln(h \times m)}$。

第五，计算各项指标熵值的冗余度：

$$D_j = 1 - E_j$$

第六，计算各项指标的权重：

$$W_j = \frac{D_j}{\sum_{j=1}^{n}D_j}$$

第七，计算各年各湾区经济国际化综合得分：

$$C_{\lambda i} = P_{\lambda ij} \times W_j$$

上述数据来源于各城市相关年份统计年鉴、金融年鉴、交通年鉴，以及《中国海洋统计年鉴》、《中国交通年鉴》、国家统计局、香港特区政府统计处、澳门特区政府统计暨普查局、中国经济社会大数据研究平台。由于各统计年鉴的统计口径和汇率的不同，这可能会对本文的测算精确度产生影响。各指标权重如表2所示。

表2 湾区经济国际化评价指标权重

一级指标	二级指标	三级指标	指标属性	权重
经济国际化基础	经济基础 0.168160	X1：GDP	正向	0.014650
		X2：人均 GDP	正向	0.032187
		X3：第三产业占比	正向	0.015339
		X4：GOP	正向	0.033677
		X5：GOP 占 GDP 比重	正向	0.019116
		X6：海洋第三产业增加值占 GOP 比重	正向	0.016521
		X7：涉海企业数量	正向	0.036670

续表

一级指标	二级指标	三级指标	指标属性	权重
经济国际化基础	交通基础 0.183117	X8：沿海港口货物吞吐量	正向	0.036519
		X9：沿海港口集装箱吞吐量	正向	0.046745
		X10：国际机场数	正向	0.099853
	创新基础 0.147366	X11：全社会 R&D 经费支出占 GDP 比重	正向	0.025977
		X12：专利申请授权数	正向	0.033883
		X13：高校数量	正向	0.021473
		X14：海洋科研机构科技课题数	正向	0.066033
	生态基础 0.027966	X15：人均公园绿地面积	正向	0.027966
经济国际化实力	生产国际化 0.161653	X16：外商投资企业数量	正向	0.049532
		X17：对外投资企业数量	正向	0.112121
	贸易国际化 0.049890	X18：外贸依存度	正向	0.022760
		X19：进出口总额	正向	0.027130
	投资国际化 0.112025	X20：对外直接投资额	正向	0.040832
		X21：外商直接投资额	正向	0.043037
		X22：外资依存度	正向	0.028156
	金融国际化 0.149824	X23：外汇存款占存款总额的比重	正向	0.087139
		X24：外汇贷款占贷款总额的比重	正向	0.062685

（二）测度结果与比较分析

1. 纵向比较

从纵向比较来看，2011～2021 年，三大湾区经济国际化水平呈现总体上升的趋势（见图 1）。粤港澳大湾区呈现缓慢增长—波动增长—加速上升的态势：在 2011～2017 年年均增长率仅为 4.3%；2018 年迅速上升，较 2017 年增长了 60.8%；2019 年有所回落，2019～2021 年年均增长率为 19.0%，是 2011～2017 年年均增长率的 4 倍还多（据表 3 计算）。环杭州湾大湾区呈现缓慢增长—略微下降—加速增长的态势：2011～2015 年年均增长率仅为 9.0%，2015～2017 年略微下降，2017～2021 年年均增长率为13.9%。环渤海大湾区呈现波动增长—缓慢增长—加速增长的态势：2012年较2011年增长1倍还多，2013年有所回落；2013～2017年年均增长率为9.6%；2017～2021年年均增长12.1%。尽管以2017年为节点，三大湾区经济国际化水平的增速较之前明显加快，但环渤海大湾区增速还是低于其他两个湾区。

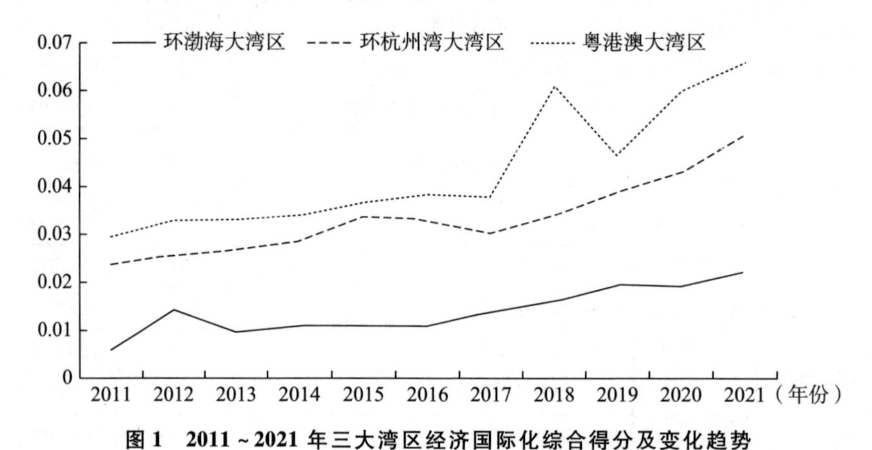

图1　2011～2021年三大湾区经济国际化综合得分及变化趋势

表3　2011～2021年三大湾区经济国际化综合得分

年份	环渤海大湾区	环杭州湾大湾区	粤港澳大湾区
2011	0.0060	0.0239	0.0296
2012	0.0142	0.0256	0.0330
2013	0.0097	0.0268	0.0332
2014	0.0108	0.0288	0.0342
2015	0.0110	0.0337	0.0367
2016	0.0109	0.0332	0.0383
2017	0.0140	0.0303	0.0380
2018	0.0160	0.0340	0.0611
2019	0.0197	0.0390	0.0466
2020	0.0193	0.0432	0.0599
2021	0.0221	0.0510	0.0660

三大湾区经济国际化水平在2017年之后加速上升的原因可能是受到国家对湾区经济发展重视程度的加深影响。2017年，粤港澳大湾区建设被写入中国共产党的十九大报告。同年7月，国家发展改革委与粤港澳三地政府签署《深化粤港澳合作推进大湾区建设框架协议》。随着国家对粤港澳大湾区建设的重视程度提升，中国其他沿海地区也紧随国家战略趋势。2017年6月，浙江省首次明确提出“大湾区”的建设构想。同时，上海政府表示将与浙江共同谋划推进环杭州湾大湾区的建设。2018年，浙江省政府对外宣布浙江省大湾区建设战略。2018年11月，《中共中央 国务院关于建立更加有效的区域协调发展新机制的意见》提出，“明确以北京、天津为中心引领京津冀城市群发展，带动环渤海地区协同发展”。2019年，环渤海大湾区的发展在全国“两会”期间被热议，全国政协委员、北京国际城市发展研究院院长连玉明提出，“未来30年建设以首都为核心的京津冀世界级城市群，其中终极一环就是推动构建环渤海大湾区”；同时指出，“在南方，粤港澳大湾区引领作用已开始显现，在北方，环渤海大湾区也应运而生”。对大湾区建设重视程度的提升使湾区经济成为区域经济发展和人民关注的热点，同时促进湾区经济发展相关政策的出台增强了湾区对外经济合作的吸引力。

2. 横向比较

从经济国际化基础来看，环杭州湾大湾区处于绝对领先位置，粤港澳大湾区与环渤海大湾区水平接近，且与环杭州湾大湾区水平差距较大（见图2）。由表4可知，2021年，环杭州湾大湾区在交通基础和创新基础方面的得分比较突出。全球集装箱港口排名第一的上海港和排名第三的宁波—舟山港都在环杭州湾大湾区，拉动整个区域的交通水平。上海、杭州及周边城市都市圈经济和社会发展水平比较高，科研经费投入比重更高，科研人才及相关资源比较丰富，对周边区域具有一定的辐射作用和虹吸效应。

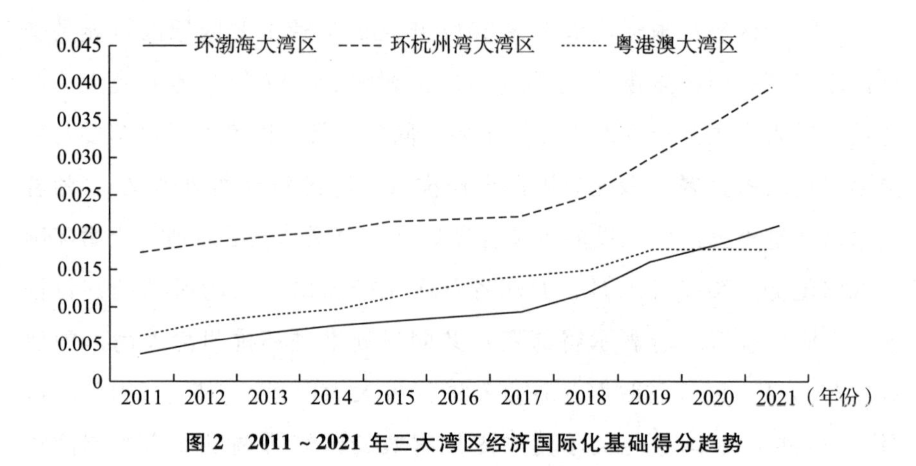

图 2　2011～2021 年三大湾区经济国际化基础得分趋势

表 4　2021 年三大湾区二级指标得分

一级指标	二级指标	环渤海大湾区	环杭州湾大湾区	粤港澳大湾区
经济国际化基础	经济基础	0.0055	0.0088	0.0107
	交通基础	0.0044	0.0155	0.0010
	创新基础	0.0098	0.0151	0.0046
	生态基础	0.0011	0.0004	0.0015
经济国际化实力	生产国际化	0.0002	0.0031	0.0209
	贸易国际化	0.0003	0.0018	0.0027
	投资国际化	0.0007	0.0054	0.0130
	金融国际化	0.0001	0.0009	0.0116

从经济国际化实力来看，粤港澳大湾区经济国际化实力比环杭州湾大湾区、环渤海大湾区领先许多（见图 3）。由图 4 可知，粤港澳大湾区经济国际化实力的四个方面都强于其他两个湾区，生产国际化、投资国际化和金融国际化方面的实力比其他湾区领先很多。粤港澳大湾区包含香港和澳门，这两个城市作为国际市场自由化程度较高的城市，具有更加自由的经济制度、与国际接轨的经济政策和法律体系、高质量的金融环境，对外经济合作的吸引力和优势也相对突出。

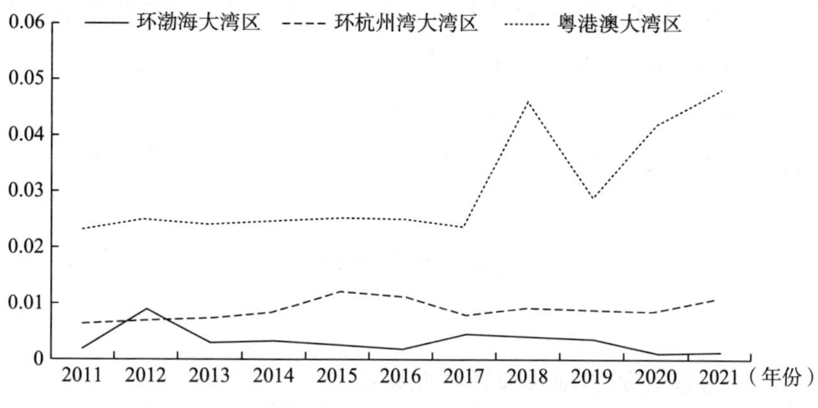

图 3　2011～2021 年三大湾区经济国际化实力得分趋势

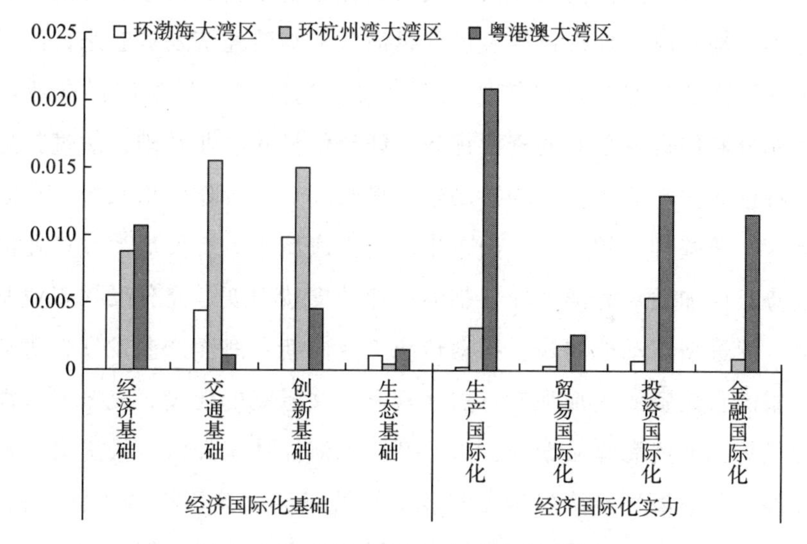

图 4　2021 年三大湾区二级指标得分情况

3. 指标分析

根据熵值法对 24 个指标赋权，按权重降序排名，前 12 个指标依次是对外投资企业数量、国际机场数、外汇存款占存款总额的比重、海洋科研机构科技课题数、外汇贷款占贷款总额的比重、外商投资企业数量、沿海港口集装箱吞吐量、外商直接投资额、对外直接投资额、涉海企业数量、沿海港口货物吞吐量、专利申请授权数。这说明这些指标对湾区经济国际化水平的影响比较大。从这次指标的所属领域来看，生产国际化、金融国际化和交通基础对经济国际化水平的影响较大，其次是投资国际化和创新基础。因此，提升经济国际化水平应该着重从生产国际化、金融国际化、交通基础、投资国际化和创新基础方面发力。

四 对策建议

（一）打造开放的现代海洋产业体系

湾区相对于其他内陆城市，最大的优势就是拥有海洋、海港等自然资源和更加开放的地理位置。世界级湾区从临港经济发展起来，海洋产业和临港产业都是湾区经济的重要产业。湾区应重视对海洋产业的发展，充分利用自身独有的资源优势、区位优势和产业基础，通过打造各自的特色海洋产业集群作为拉动经济增长和对外合作的增长极。环渤海大湾区工业基础比较扎实，山东半岛的沿海城市具有发展海洋产业的天然优势，应加大对海洋产业、临港产业的支持力度，充分发挥工业基础优势，促进新旧动能转换，推动传统工业向新兴海洋产业发展；盘活沿岸丰富的自然资源，加强对自然景观和人文景观的建设，充分发挥海洋资源优势，发展海洋旅游业，打造开放的海洋休闲经济，推进海洋产业的发展，共享海洋经济发展的经验。环杭州湾大湾区中的上海、杭州、宁波都是海洋产业发展较好的城市，以海洋风电、高端船舶制造、海洋工程装备、海洋新材料等新兴海洋产业作为突出优势。要充分发挥上海高效的资源集聚和配置能力、杭州信息产业的科技创新能力、宁波坚实的制造业实力，推动海洋科技研发与产业化，深化海洋新兴产业的发展。粤港澳大湾区拥有深圳、东莞等科技创新高地和佛山、江门等制造业强市，应充分发挥智能硬件研发和完整供应链的优势，加大海洋科技创新力度，促进龙头企业和创新载体的科技创新和成果转化，发展海洋电子、海洋高端装备等新兴海洋产业，打造面向世界的现代智能制造产业集群。三大湾区应利用好海洋产业和海洋交通优势，建设国际枢纽海港，形成更高水平的海洋开放格局。围绕枢纽港、产业港、物流港、贸易港建设，高质量建设海运通道，以“一带一路”、《区域全面经济伙伴关系协定》（RCEP）为契机，深化与共建“一带一路”国家的合作，拓展海上航线网络；高质量建设临港产业圈和特色海洋产业集群，构建结构合理、相互协同、优势突出的现代海洋产业体系；做强自贸区涉海开放载体，发展跨境电商，推动综合保税区与自贸试验区融合发展；发挥自贸试验区示范引领作用，突出政策共享、平台共用、设施联通、联动创新、协同发展，放大溢出效应和辐射效应，带动区域共享自贸试验区改革红利。

（二）提升立足国际的创新竞争力

2021 年环渤海大湾区创新基础仅比环杭州湾大湾区低 35%，比粤港澳大湾区高出 1 倍还多。虽拥有北京、天津、青岛等创新高地，但放眼整个环渤海大湾区来看，存在冀鲁辽三省创新耦合协调性低、各省市间发展不均衡的问题。对环渤海大湾区来说，应立足全局，注重区域内部省市间发展的协调性。强化北京、天津、青岛等城市的主导地位，充分发挥对周边地区的科技支撑作用，深化产学研合作机制，强调高等院校和科研院所在科技创新研发中的主体地位，促进科研成果转化，带动区域产业的创新发展。环杭州湾大湾区创新基础领先其他两个湾区，创新经济发展活力十足。上海、杭州科技创新实力和对外辐射能力较强，是带动环杭州湾大湾区创新水平提升的核心城市。环杭州湾大湾区应继续发挥创新优势和对周边地区的带动作用，加强与绍兴、湖州、嘉兴等城市的联系，促进创新链、产业链等方面的全面协调与合作；跟随全球科技创新的发展趋势，深入研究生物芯片、“互联网 +”等新业态领域，进行数字化转型的战略布局。粤港澳大湾区在三大湾区中的创新基础最差，虽然具有深圳、东莞等创新领跑城市，但以博彩业为主要经济增长来源的澳门和以中低端制造业为主的江门、佛山等城市，对创新的投入力度不足。而香港、澳门与内地又存在制度差异，因此需要建立有效的高层协调机制，对每个城市进行清晰的职能划分和功能定位，加强各种资源在湾区内的流动，使粤港澳大湾区内部城市之间协调发展。

综观世界级大湾区的发展，它们经历了从"临港经济""工业经济""服务经济"到"创新经济"的四阶段发展过程。创新是经济发展和升级的不竭动力，是湾区成为世界级大湾区的关键竞争力。因此，三大湾区应加强在创新方面的发展，打造立足全球的创新竞争力。中国企业多处在价值链低端，以低附加值的加工贸易为主，产品的创新性不强，在国际上的竞争优势不足。这是影响中国进行国际贸易和外商直接投资吸引力的一大原因。为此，要积极推动三大湾区科技创新、技术创新、管理创新。企业通过技术与科技创新，研发制造具有国际竞争力的产品，持续推出与国际市场接轨的新产品、新技术、新服务，推动产业和服务向价值链高端升级，提升在国际市场上的竞争力；通过管理创新使人才、技术、知识等要素实现高效配置和利用，制定科学可行的企业国际化发展战略，打造可持续发展的国际化企业。

由图3的经济国际化实力得分趋势可知，2020年全球疫情并未对三大湾区的经济国际化实力得分产生明显影响。其重要原因之一就是数字贸易的发展。在数字贸易下，消费者、供应商、服务商、厂家依托跨境数字交易平台，如Amazon、阿里巴巴、TikTok、Meta等，实现商品和服务的交易。跨境数字交易平台的出现，有效降低了跨境贸易的沟通和信息收集等壁垒，降低了贸易成本，使更多中小企业和个人卖家融入全球价值链。三大湾区应重视对相关领域人才的培养，加大对科技创新的支持力度，深化数字技术的研发与应用，推进5G、云计算、大数据、IPv6等新一代基础设施的升级，实现各行业、各环节的数字化改革。

（三）完善面向全球的高效运输网络

环杭州湾大湾区交通基础水平突出，其重要原因是拥有完善、高效的综合交通体系。其他两个湾区也应加强对综合交通运输体系的建设，进行系统规划设计，加大在交通建设方面的财政投入。环渤海大湾区聚集了天津港、黄骅港、秦皇岛港、唐山港、营口港、日照港、烟台港等众多港口，但交通基础得分远低于环杭州湾大湾区。其关键原因在于港口之间的距离很近，且港口运输的交通类别和服务存在重叠，导致港口之间存在同质竞争。因此，环渤海大湾区应该明确各城市产业发展的重点和分工，通过形成差异化产业集群以突破重围；建设立体的综合交通体系，对照世界级湾区的发展，完善由城际铁路、航空、水路、公路构成的复合式交通网络。环杭州湾大湾区拥有发达健全的立体综合交通网络，高速公路、铁路、水路、航空等运输方式之间能够实现高效率的衔接，但存在港口发展定位不一致的问题，应加强港口之间的协调发展，明确各港口的发展重点和规划设计。粤港澳大湾区应对照世界一流湾区交通标准，其基本要求就是各城市之间的通勤率较高，要素资源流动便捷；应打造以轨道交通为核心的高效通勤都市圈，加强城市之间的联通。湾区因港而生，完备高效的交通体系是与世界沟通的重要条件。三大湾区应加强交通基础设施建设，将港口发展与大数据、云计算、人工智能等信息技术相结合，构建现代化、智能化的港口运输系统，打造智慧物流园区、自动化码头，打造高效率的国际交通枢纽；增强港口辐射带动作用，强化海陆运输资源整合，利用好“一带一路”等契机，加强与国内外铁路公司的合作，打通沿海重要交通节点，扩展向海运输交通网络，推进国际供应链大通道建设。

（四）做强对外合作的海洋产业链

环渤海大湾区在投资国际化方面的能力较弱。东北地区的经济发展和东部沿海地区有较大差距，存在对外开放不平衡的问题。三大湾区在打造现代海洋产业体系的同时，要积极推动海洋产业的对外合作。“一带一路”和 RCEP 是中国与其他经济体展开国际合作的重要优势，减少了中国企业“走出去”的风险与制度限制。充分利用“一带一路”、RCEP、“海上丝绸之路”等发展契机，在境外的经贸合作区设立分部门，促进当地涉海龙头企业“走出去”，与上下游产业链协同进行国外的产业布局，积极参与到国际海洋产业链的价值分工中，占据更主动、更有分量的地位。参与国际科技合作、在全球海洋创新链中发挥作用，是提升国际地位、深度参与全球海洋治理的关键途径。促进国内现有的海洋产业园、海洋科技研发平台与国外的工业园区、科技创新园区展开合作，聚焦全球海洋产业的共性技术，使各国科技资源与技术实现良好流通。跨国企业是影响中国在全球竞争格局和价值链中地位的关键主体。要注重对大型涉海跨国企业的培育，结合自身优势，以市场为导向，把握全球海洋产业链、创新链的发展趋势，对有意出海的涉海龙头企业给予政策倾斜和财政支持，打造在全球海洋产业链和国际市场上具有影响力的跨国企业。提升利用外资质量，进一步发挥外资企业和政策导向的作用，考虑当地产业发展基础和目标，主动与在技术、人才、资金等方面具备互补条件的国际企业展开合作，将“引资”扩展为“引技”“引智”；营造良好的营商环境和外商投资环境，优化政府对企业的服务效能，提升服务效率与质量，切实针对企业的需要解决问题。

（五）推动国际贸易的数字化和向海化升级

数字贸易通过消除贸易壁垒、减少贸易成本、提升生产效率来促进国际贸易的发展。三大湾区要积极推动数字贸易的发展，建设跨境电商产业园和孵化基地，加强与共建“一带一路”国家、RCEP成员国的贸易合作，深化对外开放格局；促进当地企业的数字化升级，加强对数字相关技能、数字跨境贸易相关理论的培训，推出促进企业发展数字贸易的支持政策。贸易国际化的最主要方面就是进出口，进出口的核心是产品，打造产品在国际市场的竞争优势是提升贸易国际化水平的关键。三大湾区应在自身产业基础上，打造立足国际的高水平产业集群；跟随全球发展的趋势，发展海洋经济、创新经济，在自身优势产业的基础上，实现向海转变：一方面是发展海洋高科技产业，另一方面是深化向海开放格局。RCEP成员国对海洋高科技产品的进口需求较大，同时RCEP自贸区在货物贸易和海关程序与贸易便利化方面的优惠条款为中国海洋产品贸易和海洋高科技产品贸易带来新的发展机遇。[①] 因此，三大湾区应该立足国际市场，发挥自身产业优势和资源优势，针对国际市场对海洋新兴产品的需求，促进海洋新兴产业的国际贸易，提升中国海洋产业在全球产业链和供应链中的地位。

（六）打造面向全球的海洋金融中心

粤港澳大湾区在金融国际化方面的得分非常突出，拥有深圳、广州、香港等国际金融中心。在2020年英国智库Z/Yen集团发布的全球金融中心指数报告（GFCI）中，香港、深圳、广州分别在全球排名第3位、第16位和第32位。香港聚集了全球100多家银行分支机构，拥有与国际接轨的金融交易政策与更加自由的环境，充分发挥了“领头羊”的作用。环杭州湾大湾区中的上海排名第6位，环渤海大湾区中的北京和青岛分别排名第8位和第38位，这两大湾区需要进一步提升国际金融中心的全球实力。根据2012年GFCI报告，全球参与排名的金融城市有77个，其中50个是海洋城市；2020年全球参与排名的金融城市有116个，其中71个是海洋城市。8年的时间里，全球增加了21个海洋金融中心，反映了全球金融中心的发展趋势。因此，三大湾区要积极发展海洋金融，建设具有海洋特色的国际金融中心，为海洋产业和国际贸易提供金融支持和保险服务，包括海洋信贷、海上保险、融资、信托、结算等，成立针对海洋金融的海洋发展银行，促进三大湾区沿海城市形成完整的海洋金融带和面向全球的海洋金融中心。金融业具有规模经济

① 刘曙光、刘芳潇：《RCEP区域内中国海洋高科技产业出口效率及前景——基于随机前沿引力模型的实证研究》，《海洋开发与管理》2023年第5期。

性和范围经济性，因此要加强中国金融机构的全球布局。一是银行业，与共建“一带一路”国家、RCEP成员国之间应适度放宽银行分支机构的设立要求，打造区域金融中心，促进其他国家金融机构在湾区中心城市的聚集，拓展与增加中国银行分支机构在国际上的规模与数量，加快中国银行在全球的网络化布局；二是证券业，鼓励国内符合条件的券商、基金管理公司、期货公司在国外设立机构，提升经济资源在全球的配置效率。三大湾区还要持续推进对外直接投资与外商直接投资，购进原材料、生产与装配、支付酬劳、接收款项等过程，都离不开资金的支持，从而促进外汇的流进、流出和兑换。

（责任编辑：徐文玉）

贸易便利化对黄河流域农产品出口二元边际影响的空间效应*

任肖嫦**

摘　要　随着经济全球化和国际贸易的发展，贸易便利化逐渐成为全球经贸新规则的核心要素。本文基于经济双循环和黄河流域生态保护与高质量发展的内在要求，通过构建指标体系综合评估沿黄九省区的贸易便利化水平，利用二元边际效应，对贸易便利化的构成要素在不同贸易增长维度上的作用进行了细化分解，并对影响的空间效应进行分析。研究发现，以基础设施质量、商务信息技术效率、海关与贸易环境、政府管理水平、金融服务质量表征的贸易便利化水平，均对黄河流域贸易的集约边际表现出正向的促进作用，且影响显著。

关键词　贸易便利化　黄河流域　二元边际效应　空间效应　农产品出口

黄河支流众多，流域的地理特征复杂多样，经济水平不尽相同，在物流和贸易上的影响力也差异较大。从历史和现实来看，关中地区和中原地区的社会经济联系比较紧密，但是上下游之间的联系仍然是一个薄弱环节。一些地区尽管处于支流流域，但在经贸物流方面具有极大的区域影响力；一些地区尽管位于干流流域，但消费和生产能力低下、交通不便，对贸易和物流的影响力远远不及周边的中心城市。面对日益增加的外部风险，越来越多的国家和地区开始通过提升贸易便利化水平来降低贸易成本，以提振内部经济。贸易便利化已经成为经贸领域的研究热点和发展趋势。由于贸易便利化可以在降低贸易成本、提升物流效率方

---

* 本文为山东省2022年度青岛市社会科学规划研究项目“青岛市融入黄河流域生态保护和高质量发展战略研究”（QDSKL2201253）的阶段性成果。

** 任肖嫦，博士，青岛农业大学经济管理学院讲师，主要研究方向：国际贸易、区域经济。

面发挥显著作用，进而促进贸易规模和贸易类别的扩展，因此其对提升黄河流域对外开放能力具有极为重要的作用。

另外，黄河流域以传统资源密集型产业为主，其中农产品在国民经济中占据了较为重要的份额，远远超出全国平均水平。伴随强劲的增长势头，个别年份也出现了出口波动较大、增长不稳定的现象，同时由于出口市场过于集中、种类单一，出口遭遇技术壁垒等行业内部问题时有发生。[①] 对农产品贸易而言，由于其对物流、通关和时效性的要求更加严格，因此贸易便利程度的提升对降低贸易成本具有更为显著的作用。

基于上述前提，本文首先测算了沿黄九省区（山东、河南、内蒙古、山西、陕西、甘肃、四川、宁夏、青海）对46个农产品贸易国的贸易便利化水平，并以此为核心变量，利用面板数据模型分析贸易便利化水平的波动对黄河流域农产品出口二元边际的影响。

一　贸易便利化对农产品出口的影响

针对贸易便利化对进出口贸易的促进作用，已有相关文献对其进行了深入的探讨，研究的焦点主要集中在贸易便利化水平对贸易规模、贸易成本、福利效益和出口多样性的影响方面。

贸易便利化通常是指通过行政、法律、技术和其他有效方法，降低或消除资源跨国流动的成本和壁垒，提高贸易运作的效率。在贸易便利化水平的测度方面，相关研究大多采用经合组织（OECD）发布的贸易便利化指数（TFI），或者世界经济论坛发布的《全球竞争力报告》。其中，OECD以世界贸易组织（WTO）《贸易便利化协定》的最新条款为依据，评价的内容包含11个一级指标和97个二级指标，但评价对象仅限于经合组织国家。《全球竞争力报告》包含156个竞争力指数指标，

① 赵梓辰：《贸易便利化对开放经济高质量发展的影响》，《市场周刊》2021年第2期。

涉及财产、安全、教育、贸易、基础设施等诸多方面，但没有针对贸易便利化设立的专项评估指标，因此评价多根据学者自身的研究目的或借鉴已有文献资料建立相应的指标体系。

探讨贸易便利化空间效应方面的相关研究较少，其中廖佳和尚宇红的研究发现，丝绸之路经济带沿线国家的贸易便利化水平存在较强的空间集聚特征，且与中国对外贸易量显著正相关；影响的效果自东向西逐渐减小，对欧洲国家的贸易影响相对较小，而对亚洲国家的影响较大。[①] 各国贸易便利化水平改善的贸易效应在空间上差异显著，且表现出自西向东递增的空间梯度特征。樊倩评估了共建“一带一路”国家农产品出口贸易的便利化水平，结果显示：共建“一带一路”国家贸易便利化水平差异明显，便利化程度较高的国家主要集中在欧洲，且数量较少。[②] 中国对共建“一带一路”国家的出口贸易存在显著溢出效应，周边国家的经济发展水平、人口及贸易协议将促进中国对贸易伙伴国的出口，而距离因素和周边国家贸易便利化水平则具有相反的作用。

上述研究解释了双边贸易额增长的动力，但没有根据贸易额增长的方向对增长动力进行细化分解，通过二元边际分析框架，可以进一步明确贸易便利化的影响路径。涂远芬使用多部门对美出口数据，对贸易便利化的出口种类影响进行了研究，结果显示：在控制了部门固定效应后，出口效率的增加能有效提升出口多样化水平。[③] 彭羽和郑枫运用扩展的引力模型，对共建“一带一路”国家贸易便利化和农产品贸易之间的关系进行了研究，证实了贸易便利化水平的提升对中国农产品的出口深度和出口广度都有显著的正向影响，其中电子商务水平和基础设施

---

① 廖佳、尚宇红：《“一带一路”国家贸易便利化水平对中国出口的影响》，《上海对外经贸大学学报》2021 年第 2 期。

② 樊倩：《中国对“一带一路”沿线国家农产品出口影响因素分析——基于二元边际视角》，《价格月刊》2021 年第 4 期。

③ 涂远芬：《贸易便利化对中国企业出口二元边际的影响》，《商业研究》2020 年第 3 期。

的影响最大。[①] 段文奇和刘晨阳根据亚太经合组织（APEC）成员之间的双边贸易数据，分析了进出口贸易便利化水平对出口扩展边际的影响，研究发现：贸易便利化通过降低出口的临界生产率，减弱了出口固定成本与可变成本对企业出口的负面效应，对 APEC 成员出口扩展边际有显著的正向影响；在贸易便利化细分指标中，信息可获得性、贸易机构的参与、上诉流程、手续—流程、治理与公正性对 APEC 成员出口多样性的影响较大。[②] 可见，上述研究普遍认为，贸易便利化对出口的广度和深度均具有显著的正向作用，能够有效提升出口的二元边际效应。

虽然贸易便利化促进贸易增长的观点已经被大量研究证实，但在农产品贸易领域，这一结论仍存在一定的不稳定性。[③] 由于经济结构的调整，农产品在生产和贸易中的份额逐渐降低。[④] 因此，相对于工业产品、中间产品等流通频繁、受贸易成本影响较大的贸易类别，农产品对贸易便利化的敏感性较弱。但在特定贸易协定框架下，贸易便利化的作用将得到明显改善。[⑤] 根据金砖国家和丝绸之路沿线国家贸易数据得出的研究结果显示，贸易便利化对区域内农产品出口存在显著的正向影响，这可能是由于相关的贸易协定实施了促进针对农产品出口便利化的措施。[⑥]

综上所述，在考虑空间自相关和第三国效应的条件下，贸易便利化对中国对外出口具有显著的促进作用，而邻国的贸易便利化水平对中国出口则产生空间挤出效应；部分研究证实了贸易便利化对出口的广度和

---

① 彭羽、郑枫：《"一带一路"沿线 FTA 与出口二元边际：基于网络分析视角》，《世界经济研究》2022 年第 4 期。

② 段文奇、刘晨阳：《贸易便利化、企业异质性与多产品企业出口》，《国际贸易问题》2020 年第 5 期。

③ 王圣、任肖嫦：《中国水产品出口二元边际作用机制分析》，《中国渔业经济》2019 年第 5 期。

④ 董立、聂飞、高奇正：《进口国贸易便利化与中国农产品出口多样化——基于产业及收入异质性分析》，《农业技术经济》2022 年第 8 期。

⑤ 杨勇、张晓婷、李锴：《自由贸易区战略、贸易二元边际与福利水平》，《国际贸易问题》2022 年第 8 期。

⑥ 房悦、范舟、李先德：《贸易便利化对全球农产品贸易的影响及其对中国的启示》，《农业经济问题》2022 年第 6 期。

深度均具有显著的正向作用，但没有处理贸易便利化的空间自相关特征，因此无法分离贸易便利化的直接效应（本国效应）和间接效应（邻国效应）。此外，鉴于农产品贸易的特殊性，在实证过程中还应对农产品生产和相关贸易协定的影响加以控制。

二 贸易便利化水平测度与分析

在贸易便利化水平的测度方面，已有大量文献对其进行了探讨。本文主要借鉴了目前使用较多的指标体系，并在此基础上对部分二级指标进行了调整，具体指标名称和解释如表 1 所示。

表 1 贸易便利化水平测度指标体系

一级指标	二级指标	指标解释
基础设施质量 T	公路基础设施质量 T1	公路运输效率
	铁路基础设施质量 T2	铁路运输效率
	港口基础设施质量 T3	港口装卸效率
	航空基础设施质量 T4	航空运输效率
商务信息技术效率 E	新技术可获取性 E1	新技术的创造能力
	企业对新技术的吸收能力 E2	技术的应用能力
	外部投资与技术转让 E3	技术的外部获取和转让效率
	移动网络覆盖率 E4	互联网应用程度
	商业自由度 E5	商业运作的便利程度
海关与贸易环境 C	海关程序负担 C1	通关手续便利化程度
	贸易自由度 C2	贸易壁垒程度
	关税水平 C3	平均关税水平
政府管理水平 R	政府管制的负担 R1	政府管理成本
	解决法律法规冲突的效率 R2	冲突协调水平
	政府决策的透明度 R3	政府决策水平
	非正常支付和贿赂 R4	贸易额外成本
	司法的独立性 R5	司法公正性

续表

一级指标	二级指标	指标解释
金融服务质量 F	金融服务的可得性 F1	金融服务的便利程度
	金融服务的负担能力 F2	金融服务的价格
	金融自由度 F3	金融业务的开放程度
	货币自由度 F4	货币交易的开放程度

表 1 所列的指标体系包括基础设施质量、商务信息技术效率、海关与贸易环境、政府管理水平、金融服务质量 5 个一级指标和 21 个相应的二级指标，基本涵盖了贸易便利化涉及的全部内容。指标的原始数据来自《全球竞争力报告》和 CEPII 数据库，评估对象为所有与沿黄九省区进行农产品贸易的伙伴国。

基于上述指标体系，本文测度了沿黄九省区与 46 个农产品贸易伙伴国的贸易便利化水平。首先通过主成分分析提取特征值大于 1 的成分，以此确定一级、二级指标的权重，然后根据指标原始数据计算贸易便利化水平的总得分。

三 实证分析

（一）研究设计

为区分沿黄九省区农产品出口在时间和空间上的异质性，本文依托 2017 ~ 2021 年沿黄九省区对全球 46 个农产品贸易国家的出口面板数据，利用空间计量模型分析贸易便利化对黄河流域农产品出口二元边际影响的空间效应，并在考虑空间相关性的情况下，研究贸易便利化的具体措施对农产品出口增长方向的影响。一般空间面板模型的基本形式如下：

$$\begin{cases} y_{it} = \tau y_{i,t-1} + \rho w'_i y_t + x'_{it}\beta + d'_i X_i \delta + u_i + \gamma_t + \varepsilon_{it} \\ \varepsilon_{it} = \lambda m'_i \varepsilon_t + v_{it} \end{cases} \tag{1}$$

其中，y_{it}和$y_{i,t-1}$分别为被解释变量及其一阶滞后，$w'_i y_t$为被解释变量的空间滞后项，ρ 为空间自回归系数，β 为解释变量的回归系数，$d'_i X_i \delta$ 表示解释变量的空间滞后，d'_i为相应空间权重矩阵 D 的第 i 行；γ_t 为时间效应，u_i为个体效应，ε_{it}、v_{it}为残差，m'_i为扰动项空间权重矩阵 M 的第 i 行。

当 τ、λ、ρ 均为 0 时，模型（1）退化为空间自相关模型（SLX），空间自相关反映在解释变量空间自相关的基础上，本文将使用 SLX 模型对黄河流域农产品出口二元边际进行实证分析，即：

$$y_{it} = x'_{it}\beta + d'_i z_i \delta + u_i + \gamma_t + \varepsilon_{it} \tag{2}$$

其中，y_{it}为农产品出口的集约边际和扩展边际，x'_{it}为由全部的解释变量构成的列向量（见表 2），z_i为代表贸易便利化水平的解释变量（表 1 中的一级指标）。

在计算空间效应时，研究目的和研究对象特征对空间矩阵的选择具有决定性的作用。目前较为常用的空间权重矩阵包括 0 - 1 权重矩阵、地理距离矩阵和经济距离矩阵。由于沿黄九省区与农产品贸易伙伴没有共同边界，因此没有采用 0 - 1 权重矩阵，而是根据地理距离矩阵进行回归，并使用经济距离矩阵进行稳健性检验。

（二）变量解释及数据说明

集约边际和扩展边际是回归模型中的被解释变量，根据 Hummels 和 Klenow（简称 HK 方法）提出的分解框架[①]，两者分别表示为：

$$IM_{cd} = \frac{\sum_{i \in I_{cd}} P_{cdi} X_{cdi}}{\sum_{i \in I_{cd}} P_{gdi} X_{gdi}} \tag{3}$$

① David Hummels, P. J. Klenow, "The Variety and Quality of a Nation's Exports," *The American Economic Review* 95 (2005): 704 - 723.

$$EM_{cd} = \frac{\sum_{i \in I_{cd}} P_{gdi} X_{gdi}}{\sum_{i \in I_{gd}} P_{gdi} X_{gdi}} \tag{4}$$

其中，*IM* 是集约边际，c 是对象国，d 是进口国，I_{cd}表示 c 国向 d 国出口商品的集合，参考国 g 为除 c 以外的其他国家，因此，I_{gd}表示 c 国以外的其他国家向 d 国出口商品的集合，P_{cdi}和X_{cdi}分别表示 c 国出口到 d 国的商品 i 的价格和出口量；*EM* 是扩展边际，EM_{cd}表示参考国 c 出口到 d 国的商品的扩展边际。可以看出，集约边际（*IM*）衡量的是一国产品出口量的变动，而扩展边际（*EM*）衡量的是一国产品出口种类的变动。本文计算二元边际所采用的数据来自 BACI 数据库在 HS12 标准分类下的相关进出口统计结果。

模型的核心解释变量为贸易便利化水平，从基础设施质量、商务信息技术效率、海关与贸易环境、政府管理水平、金融服务质量 5 个方面进行量化，指标解释和数据来源已在前文中进行了说明。其他控制变量包括贸易伙伴国 GDP、农业增加值、失业率、人口和国外直接投资，指标数据来自 CEPII 数据库，模型相关变量的数据说明与变量描述性统计见表 2。

表 2　数据说明与变量描述性统计

变量	单位	均值	标准差	中位数	样本量
集约边际	—	0.62	1.5	0.15	702
扩展边际	—	0.51	0.28	0.5	702
基础设施质量	—	0.01	1.52	-0.04	705
商务信息技术效率	—	-0.04	1.69	-0.12	705
海关与贸易环境	—	0.02	1.47	0.04	705
政府管理水平	—	-0.02	1.54	-0.12	705
金融服务质量	—	0	1.53	-0.03	705
进口国 GDP	百万美元	378.57	711.3	79.39	705
进口国农业增加值	百万美元	22.34	58.92	4.74	705

续表

变量	单位	均值	标准差	中位数	样本量
进口国失业率	%	9.04	6.49	7.25	705
进口国人口	百万人	27.92	43.55	10.32	705
进口国国外直接投资	万美元	6292.63	12678.43	1265.95	704

空间权重矩阵的设定采用地理距离和经济距离两种方式。地理距离的计算方式为 $w_{ij}=\frac{\frac{1}{d_{ij}}}{\sum_j\frac{1}{d_{ij}}}$，其中$w_{ij}$为矩阵中的每个元素，$d_{ij}$为国家 i 和国家 j 首都之间的距离，数据来自 CEPII 数据库。经济距离的计算方式为$\overline{w}_{ij}=\frac{1}{|Y_i-Y_j|d_{ij}}$，其中，$Y_i$为 i 国的 GDP，然后对矩阵$\overline{W}$进行行标准化，$w_{ij}=\frac{\overline{w}_{ij}}{\sum_j\overline{w}_{ij}}$。

（三）回归结果分析

在对贸易便利化水平的影响进行实证分析时，首先参照赵四东等的模型①进行基准回归，然后按照 GDP 的大小，根据中位数分为两组，比较贸易便利化水平在不同经济规模的国家中的影响差异，表 3 汇报了基准回归结果。

表 3 贸易便利化水平与二元边际：基准回归结果

变量	固定效应		随机效应	
	（1）集约边际	（2）扩展边际	（3）集约边际	（4）扩展边际
基础设施质量	0.034* (2.416)	-0.032** (-3.005)	0.073** (2.701)	-0.091*** (-3.705)

① 赵四东、王兴平、曲鹏慧、Tarek Rahmoun、Li Min：《“一带一路”倡议下中东阿拉伯国家工业城发展与规划研究》，《城市规划》（英文版）2020 年第 1 期。

续表

变量	固定效应		随机效应	
	（1）集约边际	（2）扩展边际	（3）集约边际	（4）扩展边际
商务信息技术效率	0.019*** (7.948)	0.024*** (9.904)	0.016*** (6.981)	0.027*** (10.734)
海关与贸易环境	0.042*** (16.368)	0.039*** (14.607)	0.033*** (13.633)	0.031*** (15.488)
政府管理水平	0.183*** (29.005)	0.209*** (21.265)	0.164*** (18.297)	0.185*** (31.126)
金融服务质量	0.162*** (3.711)	0.561*** (14.012)	0.208*** (5.690)	0.441*** (11.867)
进口国农业增加值	0.749* (1.987)	0.402** (2.637)	0.618*** (13.972)	0.578** (3.068)
进口国 GDP	0.003 (0.953)	0.002 (0.695)	0.002 (0.636)	0.002 (0.438)
进口国失业率	-0.027*** (-6.357)	-0.031*** (-8.097)	-0.030** (-2.623)	-0.038** (-2.587)
进口国人口	0.158*** (25.092)	0.133*** (31.399)	0.141*** (30.019)	0.104*** (36.488)
进口国国外直接投资	0.101*** (5.965)	0.084** (3.050)	0.070*** (5.991)	0.052* (2.441)
空间滞后项				
基础设施质量	0.013*** (3.754)	0.002*** (4.655)	0.019** (3.668)	0.004*** (4.607)
商务信息技术效率	-0.013 (-1.995)	-0.018 (-1.124)	-0.015* (-2.005)	-0.021 (-1.126)
海关与贸易环境	-0.048*** (-17.979)	-0.040*** (-10.664)	-0.049*** (-18.000)	-0.420*** (-10.637)
政府管理水平	-0.013* (-2.060)	-0.011*** (-14.053)	-0.015 (-1.992)	-0.023*** (-14.198)
金融服务质量	-0.123*** (-3.729)	0.374*** (14.092)	-0.178*** (-3.711)	0.461*** (14.012)
常数项	-0.033*** (-13.754)	3.528*** (12.950)	-0.032*** (-13.668)	-6.255*** (-27.914)
R^2	0.854	0.744	0.654	0.787
样本数	705	705	705	705

注：括号中为 t 值，***、**、*分别表示在 0.1%、1%、5%的水平下显著。

表3的结果显示，以基础设施质量、商务信息技术效率、海关与贸易环境、政府管理水平、金融服务质量表征的贸易便利化水平对农产品出口的集约边际均表现出正向的促进作用，且影响显著。商务信息技术效率、海关与贸易环境、政府管理水平、金融服务质量与农产品出口的扩展边际之间存在显著的正相关关系，基础设施质量的影响为负。在空间影响方面，基础设施质量对集约边际和扩展边际均存在正向的促进效应，说明周边地区基础设施质量的改善会促进农产品出口集约边际和扩展边际的提升。商务信息技术效率、海关与贸易环境、政府管理水平存在空间弱化效应，当周边地区的上述指标上升时，会对农产品出口的集约边际和扩展边际造成冲击。金融服务质量对集约边际和扩展边际的空间影响存在差异，对集约边际存在空间弱化效应，而对扩展边际存在空间促进效应，即周边金融服务质量的提升会降低本地的集约边际水平，但会提升扩展边际水平。

表4和表5分别汇报了发达国家和发展中国家的贸易便利化水平对黄河流域农产品出口二元边际的影响。表4的统计结果显示，发达国家贸易便利化对黄河流域农产品贸易二元边际的影响要低于平均水平，但总体保持正向的相关关系。其中，基础设施质量和商务信息技术效率的影响下降较为明显，对农产品出口二元边际的影响可能存在空间上的结构性变化；海关与贸易环境、政府管理水平和金融服务质量的促进效果虽有所下降，但变化不大。在空间影响方面，发达国家贸易便利化对农产品贸易二元边际的影响有明显弱化的迹象，其中商务信息技术效率和政府管理水平的影响不再显著，基础设施质量、海关与贸易环境、金融服务质量对农产品出口二元边际的影响与基准回归结果基本一致，总体呈现空间负相关的态势，即周边国家在基础设施质量、海关与贸易环境、金融服务质量上的努力将拉低对发达国家农产品出口二元边际的水平。

表4　贸易便利化水平与二元边际：发达国家

变量	固定效应		随机效应	
	（1）集约边际	（2）扩展边际	（3）集约边际	（4）扩展边际
基础设施质量	0.029 * (2.054)	-0.007 * (-2.554)	0.062 * (2.296)	-0.005 ** (-3.149)
商务信息技术效率	0.016 *** (6.756)	0.020 *** (8.418)	0.014 *** (5.934)	0.023 *** (9.124)
海关与贸易环境	0.036 ** (2.913)	0.033 * (2.416)	0.028 * (2.588)	0.026 * (2.165)
政府管理水平	0.156 *** (4.654)	0.178 *** (8.075)	0.139 *** (5.552)	0.157 *** (6.457)
金融服务质量	0.138 ** (3.154)	0.477 (1.910)	0.177 ** (2.837)	0.375 * (2.087)
控制变量	是	是	是	是
空间滞后项				
基础设施质量	0.011 ** (3.091)	0.001 *** (3.956)	0.026 * (2.117)	0.003 ** (2.915)
商务信息技术效率	0.031 (1.695)	0.015 (0.955)	0.023 (1.704)	0.011 (1.157)
海关与贸易环境	-0.021 *** (-15.282)	-0.004 *** (-9.064)	-0.031 *** (-10.310)	-0.003 *** (-9.041)
政府管理水平	-0.008 (-1.751)	-0.009 (-1.945)	-0.012 (-1.693)	-0.010 * (-2.068)
金融服务质量	-0.104 ** (-3.169)	0.317 *** (11.978)	-0.151 ** (-3.154)	0.391 *** (11.910)
R^2	0.725	0.632	0.755	0.668
样本数	352	352	352	352

注：括号中为t值，***、**、*分别表示在0.1%、1%、5%的水平下显著。

表5的结果显示，发展中国家贸易便利化对黄河流域农产品出口二元边际的影响显著性较基准回归有所降低，但均保持了正向的相关关系。值得注意的是，发展中国家贸易便利化对黄河流域农产品出口二元边际的影响明显高于发达国家的影响。由于发达国家实施贸易便利化改进的时间较长，发展也更为成熟，因此，这可能意味着贸易便利化对农产品

出口二元边际的促进作用存在边际递减的现象。其中，基础设施质量和海关与贸易环境的递减特征更为明显，商务信息技术效率、政府管理水平和金融服务质量的促进效果虽有所上升，但变化不大。在空间影响方面，发展中国家贸易便利化对农产品出口二元边际的影响强于发达国家的影响，其中商务信息技术效率、海关与贸易环境、金融服务质量的影响较为显著，政府管理水平的影响显著性有所下降，说明周边国家在海关与贸易环境、政府管理水平、金融服务质量方面的提升将对本地农产品出口造成竞争，基础设施质量、商务信息技术效率的影响则相反。

表 5 贸易便利化水平与二元边际：发展中国家

变量	固定效应		随机效应	
	(1) 集约边际	(2) 扩展边际	(3) 集约边际	(4) 扩展边际
基础设施质量	0.043*** (4.405)	0.011** (2.932)	0.093*** (4.115)	0.008** (2.988)
商务信息技术效率	0.022*** (4.835)	0.014*** (5.417)	0.019*** (4.261)	0.009*** (5.645)
海关与贸易环境	0.058** (3.084)	0.085* (2.246)	0.045** (3.070)	0.097* (2.311)
政府管理水平	0.171* (1.904)	0.163* (2.093)	0.154 (1.195)	0.142* (2.272)
金融服务质量	0.129 (1.583)	0.486 (0.956)	0.168 (1.432)	0.384 (1.045)
控制变量	是	是	是	是
空间滞后项				
基础设施质量	0.017* (2.393)	0.011* (2.456)	0.039* (1.911)	0.008* (2.036)
商务信息技术效率	0.042*** (6.794)	0.014*** (4.055)	0.031*** (6.803)	0.009*** (3.942)
海关与贸易环境	-0.034*** (-8.517)	0.085*** (5.505)	-0.050*** (-8.502)	0.097*** (5.555)

续表

变量	固定效应		随机效应	
	(1) 集约边际	(2) 扩展边际	(3) 集约边际	(4) 扩展边际
政府管理水平	-0.007* (-2.460)	-0.024* (-2.017)	-0.003* (-2.424)	-0.025* (1.921)
金融服务质量	-0.113*** (-3.486)	0.326*** (13.176)	-0.160*** (-3.469)	0.400*** (13.101)
R^2	0.689	0.664	0.717	0.768
样本数	352	352	352	352

注：括号中为t值，***、**、*分别表示在0.1%、1%、5%的水平下显著。

四　结论

技术的渗透促进了效率的提升，由此产生的溢出效应使区域间的贸易成本差异不再成为建立竞争优势的主要因素，因此贸易便利化成了带动贸易发展的重要手段。利用SLX空间模型进行实证分析的结果表明：①以基础设施质量、商务信息技术效率、海关与贸易环境、政府管理水平、金融服务质量表征的贸易便利化水平对农产品出口的集约边际均表现出正向的促进作用，且影响显著；②发达国家贸易便利化对黄河流域农产品出口二元边际的影响要低于平均水平，但总体保持正向的相关关系；③发展中国家贸易便利化对农产品出口二元边际的影响明显高于发达国家的影响，由于发达国家实施贸易便利化改进的时间较长，发展也更为成熟，因此，这可能意味着贸易便利化对农产品出口二元边际的促进作用存在边际递减的现象。

（责任编辑：鲁美妍）

ABSTRACT AND KEYWORDS

Fuzhou Marine Industry Development Research

Lin Lijuan / 1

Abstract: Fuzhou City is on the coast of the East China Sea, is bordered by the Taiwan Strait to the east. Since ancient times, it has been an important influential port city along the "Maritime Silk Road", and was identified one of the first batch open coastal cities. At the year of 1994, Xi Jinping served as Secretary of the CPC Fuzhou Committee, and proposed the strategic idea of building the "Maritime Fuzhou". In 2021, the General Secretary Xi came to Fujian to inspect special emphasis on Fujian to expand the emerging marine emerging industries, which provided guidance for the development of Fuzhou marine industry. This article sorted out the foundation and environment of the marine industry in Fuzhou City, and conducted in-depth inquiry of its development status. It is found that the development of the marine industry in Fuzhou still has the inadequate industrial structure. The extensive development model of traditional industries has not yet changed completely and the development of emerging industries is still insufficient. Combining the current status and problems facing Fuzhou's marine industry, the more efficient development of Fuzhou marine industry needs to accelerate the transformation of traditional fishery development models, promote the level of industrial clusterization of the port, build a world-class deepwater port, and promote the high-quality development of coastal tourism industry. Vigorously cultivate emerging marine industries.

Keywords: Marine Industry; Industrial Structure; Marine Emerging Industry; "Maritime Fuzhou" Strategy; Fuzhou

An Empirical Study on Financial Support for Fishery Development in the Coastal Economic Belt of Guangdong Province

Abstract: Fishery development is related to the high-quality development and construction of China's marine economy, and financial support is an important guarantee for the high-quality development of marine fishery economy. In this paper, the impact of financial support on fishery development in the coastal economic belt of Guangdong Province is empirically examined from three perspectives: financial support scale, financial support structure and financial support efficiency by using the unbalanced panel data of 14 coastal prefecture-level cities in the coastal economic belt of Guangdong Province from 2011 ~ 2020. The results show that excessive investment in the scale of financial support has a restraining effect on the development of fishery economy, and the improvement of financial support structure will intensify the competition of financial resources, increase the financing difficulty of fishery economic development, and improve the efficiency of financial support has a positive role in promoting the development of fishery economy. The development of fishery economy should appropriately invest financial resources, optimize its financial support structure and improve the efficiency of financial resource utilization.

Keywords: Coastal Economic Belt; Financial Support; Fisheries Economy; Marine Economy; Guangdong Province

Analysis on the Exploitation and Industrialization of Maritime Cultural Resources in Qingdao

Abstract: Qingdao is rich in maritime cultural resources, which are the writing of "Qingdao style" and "Qingdao spirit", and also an important part of Qingdao marine civilization. With the exploitation of maritime cultural resources in Qingdao, the industrialization of maritime cultural resources has made certain achievements and the blue soft power has been continuously improved. However, problems such as insufficient mining of maritime cultural resources, small scale of maritime cultural industrialization development, unreasonable industrialization structure and weak innovation still restrict the high-quality development of maritime culture in Qingdao. Therefore, it is necessary to grasp the factors and conditions of maritime culture resources in Qingdao, implement the maritime culture excavation project, innovate the maritime culture development mode, promote the industrialization of cluster development, and vigorously develop the rural maritime culture. It will play its due role in building a leading modern industrial city and a leading modern Marine city.

Keywords: Maritime Culture; Maritime Culture Industry; Modern Ocean City; Marine Civilization; Qingdao

Research on the Innovative Development Mode of Qingdao Health Care Tourism Industry in the Post-Epidemic Era

Ren Wenhan, Ni Jing / 56

Abstract: Health care tourism industry is an important breakthrough for the sustainable development of Qingdao tourism industry in the post-epidemic era. To better improve the traction of Qingdao health care tourism industry to the overall economy, this paper firstly analyzes the development basis of the health care tourism industry in Qingdao and the development advantages and disadvantages of the industry in the post-epidemic era. Then this paper systematically compares the typical cases of health care tourism industry at home and abroad, exploring breakthroughs for developing this sector in marine resource endowment regions. The research reveals that currently, policy support and technological backing are prominent strengths, while product services on the demand side and risk mitigation on the supply side are inadequate. In the post-pandemic era, the health care tourism industry in Qingdao mainly focuses on therapeutic recovery, leisure health, and physical fitness needs. With a demand-oriented approach, the integration of resources, human capital, technology, and finance should be emphasized on the supply side. Lastly, this paper designs the innovative development model of "marine + health care tourism" in Qingdao, combining the supply side and demand side.

Keywords: Healthy China; Health Care Tourism Industry; National Nature Reserve; Historical Heritage; Qingdao

Building a Leading Modern Marine City in Qingdao: Realistic Basis and Path Exploration

Abstract: As the vanguard and main force in the development of marine economy, important marine cities have become an important path to build a maritime power. In the new era, it is of great significance for Qingdao to build a leading modern marine city. From the perspective of marine resource allocation function, marine economic growth ability, marine science and technology innovation resource ability, marine ecological demonstration ability and other aspects, Qingdao has been equipped with a high-level construction of an international modern marine city and a realistic foundation to build a benchmark marine city. Therefore, Qingdao should base on its own resource endowment and development advantages, focus on the development weaknesses, highlight the leading orientation, focus on the construction of a modern marine industry system, and plan a breakthrough path to build a leading modern marine city.

Keywords: Leading Type; Modern Ocean City; Ocean Center City; Marine Economy; Qingdao

Evaluation of Disposing Capacity for Marine Ecological Disaster Events in China Based on Fuzzy Evaluation Method

Abstract: In order to prevent the occurrence of major marine ecological disasters, minimize the losses caused by them, effectively ensure the safety of people's lives and property in coastal areas and other areas, and effectively strengthen the emergency response capacity of marine ecological disasters. On the basis of a systematic review of the research on emergency response capability evaluation, according to the composition of the elements and processes of the marine ecological disaster emergency response capability system, combined with the characteristics of marine ecological disaster emergency response, the evaluation index system of marine ecological disaster emergency response capability was constructed by using the literature analysis method and Delphi method, AHP is used to determine the index weight of marine ecological disaster emergency response capability, and fuzzy comprehensive evaluation method is used to evaluate the marine ecological disaster emergency response capability. According to the evaluation method of the median of the emergency capacity rating table, the emergency capacity of Qingdao for major events of green tide disaster in 2008 was 5. 52, which was at the general level. In 2012, the emergency response capacity of Shenzhen Nan'ao Sea red tide disaster was 4. 8, and the emergency response capacity was at a weak level. In 2011, the emergency response capacity of major events of Bohai ConocoPhillips oil spill disaster was 3. 37, and the emergency response capacity was at a weak level. The construction of China's marine ecological disaster emergency response capacity should continuously improve the marine ecological disaster emergency legal system, reasonably plan the setting of marine ecological disaster emergency response agencies, further streamline the emergency mechanism of marine ecological disaster events, gradually improve the marine ecological disaster emergency response plan system, and enhance the awareness of emergency response subjects to marine ecological disaster events.

Keywords: Marine Ecological Disaster Events; Disposing Capacity; Disaster Prevention; Fuzzy Evaluation Method; AHP

Research on the Synergistic Mechanism of High-Quality Development of China's Deep-sea Aquaculture from the Perspective of Stakeholders

Yu Jinkai, Ma Xingyun / 104

Abstract: Deep-sea aquaculture is an important tool to expand the production space of "blue granary", and clarifying its synergy mechanism is the basis for ensuring the high-quality development of deep-sea aquaculture. Based on thc stakeholder theory, identify the stakeholders of deep-sea aquaculture and build a synergistic mechanism including a synergistic motivation mechanism, synergistic operation mechanism, synergistic guarantee mechanism, and synergistic realization mechanism. The study studied how stakeholders such as government, enterprises, and research institutions can synergize in terms of institutions, technology, and funding, so that aquaculture activities, technology research and development, and production and marketing linkages can be dynamically adjusted to different realities, and institutional safeguards can be used to promote deep-sea aquaculture to a higher stage of quality development. The "Yellow Sea Cold Mission Green and Efficient Fish Aquaculture Project" was selected as a typical case study, and the results show that the project management system has been continuously standardized, reflecting the synergistic mechanism of government-led participation of multiple entities. The financial, technical, and institutional support should be further strengthened in the future to support the efficient operation of the project, which will providc a reference for the high-quality development of deep-sea aquaculture.

Keywords: Stakeholders; Deep-sea Aquaculture; High-quality Development; Synergistic Mechanism; Blue Granary

From the Perspective of Ecological Civilization System to Promote the Cyclic Utilization of Marine Resources in the South China Sea

Abstract: The South China Sea has the largest marine territory in China, and is very rich in marine resources. The development of marine resources in the South China Sea should follow the concept of green water and green mountains, which is the ecological civilization of Silver hill, Jinshan District, and promote the efficient and circular use of marine resources in the South China Sea. At present, the following problems exist in the exploitation and utilization of marine resources in the South China Sea: First, the total amount of marine resources in the South China Sea is abundant, but the exploitation efficiency is not high, and the exploitation intensity of the coastal zone and nearshore area is on the high side; second, the ecological degradation of the coastal line in the South China Sea area, the ecological environment of semi-closed Bay and inshore area is under great pressure. Third, the high-density aquaculture and overfishing in inshore area lead to the decrease of marine biodiversity, and the sustainable utilization of marine resources is facing challenges Fourthly, the prevention and control of oil spill and hazardous chemicals leakage are in serious situation, and the prevention and control of marine environmental risks need to be strengthened. In this regard, four suggestions are put forward: First, to improve the system of the efficient utilization of marine resources in the South China Sea, and to firmly take the road of the development of marine ecological civilization, which is characterized by the development of production, the affluence of life and the good ecology; Second, we will adhere to the principle of giving priority to conservation, protection and natural restoration, and promote the efficient and circular use of marine resources in the South China Sea in accordance with the law and regulations; Third, we will implement the strictest system for the protection of marine ecosystems and the environment, vigorously promote the prevention and control of marine pollution and the restoration of marine resources in the South China Sea; Fourth, we will establish a unified and efficient regulatory system for the marine ecological environment in the South China Sea.

Keywords: South China Sea; Marine Resources; Cyclic Utilization; Ecological Civilization; Marine Environmental Protection

Research on the Measurement of the Economic Internationalization Level of China's Three Major Bay Areas

—A Comparison Based on the Bohai Bay Area, the Hangzhou Bay Area, and the Guangdong, Hong Kong and Macao Bay Area

Zhang Hongyuan, Chen Yinuo, Zhu Yanru / 132

Abstract: With China's increasing emphasis on the development of the Guangdong-Hong Kong-Macao Greater Bay Area, the Hangzhou Bay Rim Bay Area and the Bohai Rim Bay Area, the Bay Area economy has gradually become an important engine for China's economic development. This paper constructs an indicator system of economic internationalization with the characteristics of the bay area, and uses the entropy method to measure and compare the economic internationalization level of the three major bay areas in China. The results show that the economic internationalization level of the three major bay areas has gradually increased in the past decade. The Guangdong-Hong Kong-Macao Greater Bay Area is in an absolute leading position. Efforts should be made to enhance the internationalization level of the Bay Area economy from five aspects: production internationalization, financial internationalization, transportation foundation, investment internationalization, and innovation foundation. Thus, providing theoretical support and path suggestions for the Bay Area to further enhance its economic internationalization level.

Keywords: The Bohai Bay Area; The Hangzhou Bay Area; The Guangdong-Hong Kong-Macao Bay Area; Economic Internationalization; Bay Area Economy

Spatial Effect of Trade Facilitation on Binary Marginal Impact of Agricultural Product Exports in Yellow River Basin

Ren Xiaochang / 155

Abstract: With the development of economic globalization and international trade, trade facilitation has gradually become the core element of new global economic and trade rules. This article is based on the inherent requirements of economic dual circulation and ecological protection and high-quality development in the Yellow River Basin. By constructing an indicator system to comprehensively evaluate the level of trade facilitation in provinces along the Yellow River, and utilizing binary marginal effects, the role of the constituent elements of trade facilitation in different dimensions of trade growth is refined and decomposed, and the spatial spillover of the impact is analyzed. Research has found that trade facilitation levels characterized by infrastructure quality, business information technology efficiency, customs and trade environment, government management, and financial service quality all have a positive promoting effect on the intensive margin of trade in the Yellow River Basin, and the impact is significant.

Keywords: Trade Facilitation; Yellow River Basin; Binary Margin Effect; Spatial Effect; Agricultural Product Export

《中国海洋经济》征稿启事

《中国海洋经济》是由山东社会科学院主办的学术集刊，主要刊载海洋人文社会科学领域中与海洋经济、海洋文化产业紧密相关的最新研究论文、文献综述、书评等，每年由社会科学文献出版社出版 2 期。

欢迎高校、科研机构的学者，政府部门、企事业单位的相关工作人员，以及对海洋经济感兴趣的人员赐稿。来稿要求：

1. 文章思想健康、主题明确、立论新颖、论述清晰、体例规范、富有创新。文章字数为 1.0 万～1.5 万字。中文摘要为 240～260 字，关键词为 5 个，正文标题序号一般按照从大到小四级写作，即“一”“（一）”“1.”“（1）”。注释用脚注方式放在页下，参考文献用脚注方式放在页下，用带圈的阿拉伯数字表示序号。参考文献详细体例请阅社会科学文献出版社《作者手册》2014 年版，电子文本请在 www.ssap.com.cn“作者服务”栏目下载。

2. 作者请分别提供“基金项目”（可空缺）和“作者简介”。“作者简介”按姓名、出生年月、性别、工作单位、行政和专业技术职务、主要研究领域顺序写作；多位作者合作完成的，请提供多位作者简介；并附英文题目、英文作者姓名、英文单位名称、英文摘要和关键词；请另附通信地址、联系电话、电子邮箱等。

3. 提倡严谨治学，保证论文主要观点和内容的独创性。对他人研究成果的引用务必标明出处，并附参考文献；图、表等注明数据来源，不能存在侵犯他人著作权等知识产权的行为。论文查重比例不得超过10%。

来稿本着文责自负的原则，由抄袭等原因引发的知识产权纠纷作者将负全责，编辑部保留追究作者责任的权利。作者请勿一稿多投。

4. 来稿应采用规范的学术语言，避免使用陈旧、文件式和口语化的表述。

5. 本集刊持有对稿件的删改权，不同意删改的请附声明。本集刊所发表的所有文章都将被中国知网等收录，如不同意，请在来稿时说明。因人力有限，恕不退稿。自收稿之日2个月内未收到用稿通知的，作者可自行处理。

6. 本集刊采用匿名审稿制。

7. 来稿请提供电子版。本集刊收稿邮箱：1603983001@qq.com。本集刊地址：山东省青岛市市南区金湖路8号《中国海洋经济》编辑部。邮编：266071。电话：0532-85821565。

《中国海洋经济》编辑部

2021年4月

图书在版编目（CIP）数据

中国海洋经济. 第15辑 / 崔凤祥主编；刘康，王圣副主编. -- 北京：社会科学文献出版社，2024.1
ISBN 978-7-5228-2804-6

Ⅰ.①中… Ⅱ.①崔… ②刘… ③王… Ⅲ.①海洋经济-经济发展-研究报告-中国 Ⅳ.①P74

中国国家版本馆CIP数据核字（2023）第219945号

中国海洋经济（第15辑）

主　　编 / 崔凤祥
副 主 编 / 刘　康　王　圣

出 版 人 / 冀祥德
组稿编辑 / 宋月华
责任编辑 / 韩莹莹
文稿编辑 / 陈丽丽
责任印制 / 王京美

出　　版 / 社会科学文献出版社·人文分社（010）59367215
地址：北京市北三环中路甲29号院华龙大厦　邮编：100029
网址：www.ssap.com.cn
发　　行 / 社会科学文献出版社（010）59367028
印　　装 / 三河市龙林印务有限公司

规　　格 / 开　本：787mm × 1092mm　1/16
印　张：11.5　字　数：158千字
版　　次 / 2024年1月第1版　2024年1月第1次印刷
书　　号 / ISBN 978-7-5228-2804-6
定　　价 / 148.00元

读者服务电话：4008918866